天下文化
BELIEVE IN READING

關於宇宙，我們什麼都不知道
We Have No Idea

霍金也想懂的 95% 未知世界

A Guide to the Unknown Universe

原書名｜這世界難捉摸

Jorge Cham & Daniel Whiteson

豪爾赫・陳 & 丹尼爾・懷森 ———— 著

徐士傑、葉尚倫 ———— 譯

獻給我的女兒，Elinor。

—— 豪爾赫 · 陳

獻給我的家人，
謝謝他們支持我生命裡的每一個章節，
即使是有糟糕的雙關語那部分。

—— 丹尼爾 · 懷森

關於宇宙，我們什麼都不知道
—— 台灣版 ——

關於宇宙，我們什麼都不知道
── 霍 金 也 想 懂 的 95% 未 知 世 界 ──

目 錄

譯者序
一起來把宇宙弄明白

徐士傑

　　沒有暗物質就不會有地球和太陽系嗎？沒有希格斯場人類和宇宙就不能存在嗎？我們的世界是不是外星人的電腦模擬？重力波讓我們見證了黑洞互相吞噬的過程嗎？這些看似不可思議、危言聳聽的問題，會不會是今晚「關鍵時刻」和「新聞龍捲風」節目的話題？其實，這些問題可是近代科學前沿積極探討的大哉問，且看丹尼爾‧懷森和豪爾赫‧陳怎麼說。

★物理學家與漫畫科學家的結合★

　　「為何不找豪爾赫呢？除了他不做第二人想！」當丹尼爾在思考，是否有人掌握了美術技巧，同時具有專業科學知識及優秀的溝通能力，能夠有效透過漫畫來介紹複雜的希格斯粒子給普羅大眾時，他的妻子給出了這個建議。這句話開啟了兩人的合作以及後來本書的誕生。當時丹尼爾對網紅豪爾赫會不會有正面回覆，並沒有把握。豪爾赫倒是覺得：「這可妙了！我本來畫的都是免費網路漫畫，現在竟然有人想付錢聘我來畫，何樂而不為？」

　　於是，專業的物理學家以及才華洋溢的漫畫家迸出了創意無限的火花。他們解釋希格斯粒子以及重力波的網路動畫[*1]，幽默風趣又簡單扼要，雙雙突破了百萬點閱率。尤其是希格斯粒子動畫，在網路發表之後沒幾個月，科學家就發現了希格斯粒子並正式公

布，全球媒體廣為引用他們的漫畫來介紹希格斯粒子。希格斯粒子以及重力波這兩個震撼世界的大發現，分別得到2013年及2017年的諾貝爾物理學獎，他們的這兩則動畫讓大眾得以一窺物理學桂冠堂奧，十分難能可貴。

★深入淺出的介紹★

丹尼爾‧懷森任職於加州大學爾灣分校物理學系，是創新卓越的實驗粒子物理學教授。他是跨領域研究先驅，多方位研究並不斷嘗試新技術，跨足統計學、計算科學以及天文物理學領域，在新物理的尋找和進階物理分析技術上有精闢獨到的見解，屢獲殊榮，2016年在四十歲的年紀，就成為美國物理學會會士。

我和丹尼爾是相識多年的研究夥伴兼好友，自從我在2003年前往加州大學聖地牙哥分校攻讀物理學博士學位以來，我們一起從事了許多科學論文合作，從矩陣元素運算法到AI人工智慧及深度學習，我們不斷要突破的是如何在大強子對撞機的複雜環境下，找出藏在數十億的質子對撞事件裡，稀少罕見的新物理訊號。我與丹尼爾的合作經驗非常愉快，因為他擅長以深入淺出的方式介紹物理學概念，由他來撰寫科普文章，介紹極深奧的物理謎題可說是一時之選。

引用丹尼爾的一句話：「對研究生來說，豪爾赫‧陳相當知名，他就像是學術界的布萊德‧彼特。」我雖然直到翻譯本書才接觸到豪爾赫本人，但是對於他創作的網上連載漫畫《被堆得更高

---

*｜ 1　介紹希格斯粒子的動畫請見：http://phdcomics.com/comics.php?f=1489；介紹重力波的動畫請見：http://phdcomics.com/comics.php?f=1853。

和更深》（*Piled Higher and Deeper*）（又稱《PhD漫畫》），可是一點也不陌生。漫畫裡講述幾個研究生的日常生活大小事，包括研究上遇到的困難、和導師之間的複雜關係，在攻讀博士學位期間，在心裡感到鬱悶苦澀之時，讀讀他的漫畫總能會心一笑紓解壓力，他的漫畫是療癒系聖品。這不誇張，在每個研究所裡，總會有人把他的作品貼在牆上。

豪爾赫在2008年從史丹福大學獲得了機械工程學博士學位，他常常自嘲是教育過度的漫畫家。他在加州理工學院從事博士後研究期間，決定放棄學術生涯，專心從事漫畫工作，這個選擇不免讓他在巴拿馬大學教書的父母擔心。現在的他，網站瀏覽人數已突破5千萬人次，並有平均7百萬的固定讀者，出版了五本書及一部電影，作品傳閱全球，每年受邀演講50場次。也由於他的專業學術背景以及出色的溝通技巧，他的漫畫讓這本書讀來有畫龍點睛之妙。

★直探物理之美★

宇宙奧祕何其多，丹尼爾精心挑選的大哉問，著眼於僅僅透過觀念討論，毋需數學公式就能讓非物理專業讀者能深度理解的課題。以此原則挑選主題難免有遺珠之憾，譬如丹尼爾在第十六章〈萬有引力存在嗎？〉中只簡略提到：夸克與夸克間可以互相轉變，微中子和微中子間也可以互相轉變。還有好多現象在了解宇宙的基本運作方式上非常重要，但是要理解這些現象背後的觀念需要有很多數學知識，我期待丹尼爾與豪爾赫能發揮創意，在未來的科普書中詳加介紹。

丹尼爾用流暢的文筆，採用大量的例子及高明的比喻，介紹了

許多物理學上新穎的概念。雖然書中有些小地方在專業物理學家看起來不是很嚴謹，但是創造出來的理解尤為重要。譬如，在物理理論中，一般人對廣義相對論最感到困惑、好奇以及莫名其妙，主要原因是廣義相對論建立在令人難以親近的複雜數學上，以此重新定義了時空概念。丹尼爾在第七章〈空間是什麼？〉中把空間比擬為凝膠，而不是背景舞臺，巧妙的把空間形容成了有形實物，因此空間可以彎曲、傳播波紋，甚至擴張；再加上豪爾赫的漫畫輔助，抽象的物理概念頓時具體呈現，諸如此類的妙喻，比比皆是。

★與台灣的讀者分享★

本書亦莊亦諧，書裡隱藏許多令人會心一笑的幽默和機智風趣的雙關語，對於熟悉美國流行文化的讀者，尤其是對於六年級生來說，也許稍加容易領會句中的弦外之音。作者的這些巧思增添了許多閱讀樂趣，往往在莞爾一笑後，更加發人深思。譬如第五章〈質量的奧祕〉中的「質量標籤說」就令人拍案叫絕。有些笑話可能有點超過，譬如第九章〈到底有多少維度存在？〉中的屁味笑話，就請讀者自己去感受吧！

丹尼爾籌劃本書多時，當他把書本完成的消息告訴我之後，我立即興奮的毛遂自薦擔任中文翻譯。除了我本身熟悉書中探討的主題，和熱中於推廣科普之外，同時也看到了另一個絕妙的機會，來介紹我的研究工作給非物理專業的父母親友。由於自2001年從臺大物理系畢業之後，我已多年未以中文寫作，文筆稍嫌生澀，因此邀請愛妻尚倫加入翻譯的行列。我負責科學譯文，尚倫加以順稿潤色，再由編輯文珠做最後定稿，有了尚倫的妙筆生花和文珠細心校稿及耐心的引導，我們致力於在本書翻譯上達到「信、達、雅」的

目標。若讀者發現譯文有錯或不達意，敬請不吝賜教，聯絡我們加以改善。另外，原書有豐富的延伸閱讀，礙於篇幅，全文放在天下文化官網本書的專頁上，請有興趣的讀者上網查詢。

　　霍金曾被問到他的人生目標，他說：「我的目標很簡單，就是把宇宙整個弄明白——它為何如此，它為何存在。」宇宙到底有多少奧祕仍待揭曉，藉著本書付梓，誠摯邀請讀者與我們一起加入丹尼爾・懷森和豪爾赫・陳導航的宇宙之旅，探索難以捉摸的未知世界。

作者序
請聽我們說

我們所知的宇宙

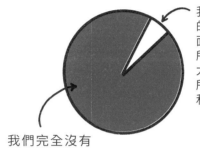

我們知道的、看到
的一切；你身體裡
面和我們銀河系中
所有的原子；我們
太陽系內部和外部
所有的恆星、星塵
和行星。

我們完全沒有
任何概念。

你是否曾經想過宇宙是如何開始、由什麼構成，以及將如何結束？你是否問過時間和空間從哪裡來？人類是宇宙中唯一存在的智慧生物嗎？

遺憾的是，關於這些問題，這本書將不會給你任何答案。

相反的，這本書將告訴你，關於這個宇宙我們所不知道的事情，包括那些你可能認為我們已經解決了，但實際上並沒有任何進展的大問題。

我們常常會聽到關於某些重大發現的新聞，新聞上說，這些發現可以解決很重要的問題。但是，有多少人在知道這些解答前，先聽過相關問題？而且，到底還有哪些重大的問題還沒解決？這就是這本書將要告訴你的，我們要帶你一窺究竟。

　　在接下來的章節裡，我們將逐一解釋宇宙中最重大的未解問題，並且說明這些問題為什麼仍無定論。讀完本書，你將會更深入體認到，我們自以為知道宇宙的現況，明白宇宙如何運作，是多麼的荒謬。不過往好處想，至少你會知道我們為什麼毫無頭緒。

　　不過這本書並不是要告訴你這些我們不知道的事，來讓你沮喪；相反的，這本書是要讓你覺得興奮，因為還有這麼多未知的領域等待我們去探索。在每個宇宙奧祕裡、在每個未知的背後，我們也將發現對人類有意義的答案以及令人興奮的驚喜。我們會教你用不同的方法來看世界，透過了解我們不了解的事物，我們將可看到這世界仍然充滿各種可能性。

　　邁向發現的第一步，就是釐清有哪些是我們不知道的。因此，請坐好、繫上安全帶，準備出發探索未知領域。我們即將展開一場探遍宇宙奧祕的奇幻之旅。

你準備好了嗎？

丹尼爾・懷森　　　豪爾赫・陳

1.

宇宙是由什麼組成的？

知道了之後，你就會明白你有多奇特

　　如果你是人類（我們先假設這是對的），那麼你對身處的世界就會有點好奇。好奇心是人類的本能，也是驅駛你讀這本書的部分原因。

　　自古以來，人們就不斷在思索關於這個世界的基本又合理的問題：

　　宇宙是由什麼組成的？

大岩石是由較小的石頭組成的嗎？

為什麼我們不能吃岩石？

身為蝙蝠會是什麼樣子[1]？

　　第一個問題「宇宙是由什麼組成的？」是大哉問。除了「宇宙」涵蓋的範圍很大之外（沒有東西比宇宙來得大），這個問題還與每個人都息息相關。因為宇宙包括了你的房子、你自己以及所有的一切。你不需要對數學或物理有深入的了解，就可以知道這個問題影響到我們每一個人。

　　假設你是第一個嘗試回答「宇宙是由什麼組成？」的人。那麼你也許會從最簡單、最單純的方式做起。例如你可能會假設，宇宙是由我們可以看得見的東西所構成。接著你開始羅列清單來回答這個問題：

我們的宇宙

・你
・我
・那塊石頭
・另一塊石頭
・那堆石頭
・更多更多石頭
・⋯⋯

　　但這個方法有很大的問題。首先，這張清單將會是無法想像的長。你必須列出宇宙裡每顆星球上的每塊石頭。除此之外，你還得列上這張清單，因為它也是宇宙的一部分。如果你列出每個物體的

每個零件，這張清單可能會無限長。不過如果你不要求列出所有細節，那麼的確可以列出「宇宙」的清單。雖然這方法讓人不是很滿意，但還是可以接受。

然而，列出清單並無法回答「宇宙是由什麼組成的？」這個問題。令人滿意的答案除了能記錄世界萬物，也能夠以簡御繁的描述我們在這個世界所見的無限多樣性。元素週期表（氧、鐵、碳等）就是相當成功的例子。我們只需要一百多個基本元素就可以描述人類所有看得到、摸得到、嘗得到（包括你小學三年級的朋友品嘗的那隻蜥蜴），或甚至彼此投擲的每一個物體。元素週期表的發現，揭示了宇宙按照跟樂高積木一樣的基本原則在運行。你可以用同一組小塑膠塊，組合出不同的玩具，例如恐龍、飛機、海盜或是你專屬的飛天龍海盜變種怪獸。

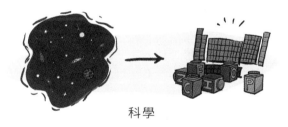

科學

宇宙萬物，比如星星、岩石、灰塵、冰淇淋和美洲駝，也都可以用幾個基本元素構建出來。一旦了解複雜物體是由簡單物體組成的原理，我們就能夠透過研究這些簡單的物體，對宇宙有更深入的理解。

---

*| 1 這個問題是內格爾（Thomas Nagel, 1937 —，美國知名哲學家，美國紐約大學哲學與法律系榮譽教授暨美國人文與科學學院院士及英國國家學術院院士）受廣泛引用的哲學論文之一。劇透一下，答案是：「我們永遠不會知道」。

但為什麼宇宙的組成遵循樂高積木的建構原理？這沒道理嘛！這故事可以追溯到最早期的原始人粒子實驗。洞穴人科學家奧克和葛羅格透過碰撞，把大石頭崩解成小石頭。基於這樣的經驗，他們可以提出很多不同的想法來解釋宇宙是如何構成。以下，讓我們來討論兩個可能性。

早期的科學家

第一種可能，我們的宇宙是由接近無限多種微小的基本粒子組成的。譬如，岩石可能是由基本岩石粒子組成的；空氣可能是由基本空氣粒子組成的，而大象可能是由基本象粒子組成的。在這個虛構的宇宙中，基本元素表中會有將近無限多個元素。

第二種可能，我們也許住在一個更奇怪的宇宙，世間萬物並不是由微小的基本粒子所組成。岩石在這樣的宇宙中，可以用無限尖銳的刀不斷切割成更小的平滑岩石。

這兩種想法與奧克和葛羅格在他們著名的石頭碰撞實驗中，蒐集到的數據是一致的。我們提到這兩個可能性，並不是因為我們認為這是宇宙的運行原理。而是提醒你，也許我們宇宙的某一部分，甚至於宇宙中還沒有探尋的其他部分，可能曾經遵行這些運行法則。

這就是為什麼，你應該對即將在本書中發現的那些尚未解答的宇宙奧祕，感到興奮並受到鼓舞，而不是為之沮喪或低落。這本書揭示了，還有很多問題等待我們去探索和發掘。

經過數千年的思考和研究，我們得到了一個非常好的物質理論[2]。在我們所理解而且摯愛的宇宙中，事物似乎是由微小的基本粒子組成。從奧克和葛羅格的第一個粒子實驗到現在，我們不僅了解了化學元素週

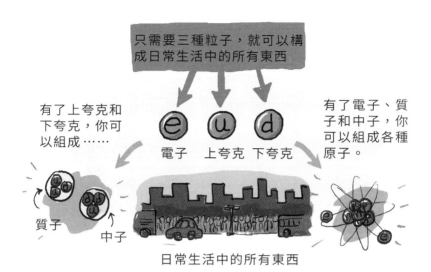

期表，還洞窺了原子內部的世界。

物質是由週期表中列出的原子元素所組成。每個原子有一個受電子雲包圍的原子核。原子核是由質子和中子所組成，質子和中子是由上夸克和下夸克構成的。所以，我們可以用上夸克、下夸克和電子構建出週期表中的所有元素。這是數百萬計人類集體合作的智慧結晶。我們先把無限長的宇宙成分表，簡化成有一百多種元素的週期表，接著再把元素週期表化約成三種基本粒子。我們看過、聞過、摸過的所有一切（甚至砸過腳趾頭的東西），都可以用這三種基本粒子構建出來。這是多麼令人驚嘆的成就啊！

正當我們以人類這個物種感到自豪時，卻不幸發現，這個論述有兩個重大缺憾。

首先，我們發現除了電子和兩個夸克之外，還有其他基本粒子

---

* 2 雖然透過實驗分析，從實驗室取得數據的現代科學形式只有數百年歷史，但對這些大問題的思考，卻已經有數千年了。

存在。儘管正常物質組成只需要三種粒子，但在過去一個世紀，粒子物理學家已經發現了另外九種物質粒子，和五種傳遞作用力的粒子。其中一些粒子是非常奇怪的，譬如微中子，鉛對微中子來說是透明的。微中子可以如幽靈般穿過幾千億公里厚的鉛牆，而不會碰撞到任何鉛原子[*3]。至於其他粒子則與構成物質的三種粒子非常相似，只是質量更大。

粒子排排站

為什麼有這些額外的粒子？它們為何而來？是誰邀請它們加入這個世界的？還有其他種粒子嗎？我們不知道。不僅如此，我們甚至不曉得該從何下手來處理這些問題。我們將在第四章〈物質的最基本元素是什麼？〉詳細討論這些奇怪的粒子和它們令人驚訝的模式。

其次，我們發現，用基本粒子來解釋宇宙，仍有很大的不足。雖然我們只需要三種粒子來建立恆星、行星、彗星和酸黃瓜，但事實證明，這些我們認為尋常的物質，實際上相當不尋常。我們認為它們尋常，是因為人類只知道這些。但是它們只占宇宙中所有物質和能量總和的百分之五左右。

其他百分之九十五的宇宙是什麼呢？我們不知道。

如果我們畫出宇宙的圓餅圖，這張圖會看起來會像這樣：

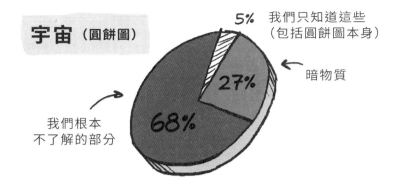

在這張奧妙的圓餅圖中，只有百分之五是由我們知道的東西（恆星、行星和它們上面的一切）所組成。圖中有百分之二十七的部分是所謂的「暗物質」，另外百分之六十八的宇宙是我們根本不了解的部分，物理學家稱為「暗能量」。我們僅有的認知是，暗能量和宇宙膨脹有關。我們將在後面的章節解釋暗物質與暗能量這兩個概念，以及如何量出這些數字。

更糟糕的是，即使在我們所知的百分之五宇宙裡，還有很多事情我們並不曉得（還記得那額外的九種基本粒子吧？）。在某些情況下，對如何提出正確問題來研究這些奧祕，我們甚至毫無頭緒。

就在這幾段敘述之前，我們還在慶賀人類這個物種完成不可思議的知識壯舉，可以用簡單的方式來描述所有已知的事物。現在看起來我們高興得太早了，因為宇宙的絕大部分都是由別的東西組成的。這情況就像是我們花了數千年研究一頭大象，卻赫然發現，我們其實只觀察到牠的尾巴。

---

*| 3　這是我們的猜測，沒有人真正做過這個實驗。

　　知道這點之後，你可能會感到有點沮喪。也許你以為我們人類對整個宇宙的理解和掌握已經達到了極致（天啊！我們甚至發明了會自動打掃的機器人）。其實，這是個千載難逢的機會：一個能讓你探索、學習並且培養洞察力的機會。就如同你發現我們只探索了地球上百分之五的土地，或只嘗過世界上百分之五的冰淇淋的味道那樣，你心裡身為科學家的一面將要求徹底解釋，並對可能的新發現感到興奮。

　　回想一下小學歷史課，當你讀到大航海世代那些偉大的探險家航向未知領域、發現新土地並描繪了這個世界時，是否覺得非常激動？如果是的話，那麼你也許會同時感到失落，因為在這個衛星和全球定位導航系統遍布的年代，我們似乎錯過了探險的時代。不是嗎？所有的大陸都被發現了，所有的小島都被命名了。現在告訴你一個好消息，情況並非如此。

　　事實上，我們正處於一個嶄新的探索時代。更確切的說，我們才剛在啟蒙階段，有為數可觀的探索工作正等待我們。我們正踏入

一個重要的時期，任何新發現都可能重新定義人類的宇宙觀。一方面，我們體認到人類對宇宙知之不多（記得嗎？我們只知道百分之五的宇宙），但是我們對於要問什麼樣的問題有一些基本概念。而另一方面，我們持續建造出非常棒的新工具幫助我們解決這些問題，例如強大的新型粒子對撞機、重力波探測儀以及望遠鏡。

現在

　　讓人雀躍的是，宏偉的科學奧祕都有真實而艱難的答案。我們只是還不曉得答案是什麼罷了。我們很有機會在這輩子解決這些大問題。例如，此時此刻，宇宙中某處或許有智慧生命存在。如同「X檔案」影集中聯邦探員穆德所說，「答案必定存在」。這些答案將會徹底改變我們的世界觀。

　　科學歷史發展就是一連串的革命，每次的新發現都是澄清之前扭曲的看法。還記得地平說、地心說與以恆星和行星為主要成分的宇宙論；這些理論都是人們用當時最新數據提出的合理看法，雖然我們從現代眼光來看都成了無稽之談。幾乎可以肯定的是，未來還有更多這樣的科學革命。我們現在認同的重要理論，如相對論和量子力學等，可能會由更令人興奮的理論推翻並代替。兩百年後，當人們回顧我們所理解的宇宙運行原理時，就會像現在我們看待原始人的宇宙論一樣。

　　人類了解宇宙的旅程尚未結束，而你即將加入這一部分的行程。我們敢打包票，這會是比餡餅還甜蜜的旅程。

至少這不是
石頭。

2

暗物質是什麼？

你正徜徉其中

下面這張長條圖畫出了我們已知宇宙的質量和能量組成分布：

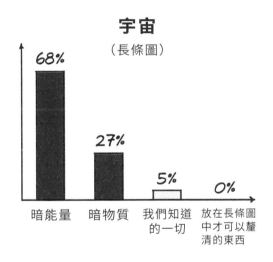

物理學家認為，在目前已知的宇宙中，有將近百分之二十七驚人比例的物質和能量，是由稱為「暗物質」的東西組成的。這意味著，宇宙中大多數的物質和我們熟悉且鑽研了數個世紀的「正常物質」並不一樣，這個神祕物質甚至高達正常物質的五倍。老實說，把我們熟悉的東西稱為「正常物質」並不是很公平，因為它們在宇宙中相當罕見。那麼暗物質到底是什麼呢？它危險嗎？會弄髒

你的衣服嗎？我們怎麼知道它存在？

　　暗物質無所不在。事實上，你可能正徜徉其中。早在上世紀
1920 年代就已經有暗物質存在的說法，但這說法直到 1960 年代才
受到認真對待。其中的轉折點是因為天文學家在分析星系旋轉速度
和星系內部質量數據時，注意到相當奇怪的特性並進一步理解了其
中的含義。

★知道暗物質存在的方法★

1. 旋轉星系

　　要了解暗物質與旋轉星系之間的關聯，可以想像放在大轉盤上
的一大堆乒乓球。轉盤開始旋轉時，你會預期乒乓球從轉盤的邊緣
飛出去。旋轉星系的工作原理幾乎就是這樣[*1]。星系在旋轉，所以
星系裡的星星傾向於往星系外圍飛出去。唯一能把星星聚在一起
的，就是裡頭所有質量的重力（重力把物質拉在一起）。星系旋轉
得愈快，把星星聚在一起所需要的質量愈大。反過來說，如果你知
道星系的質量，就可以預測星系可以旋轉得多快。

　　首先，天文學家藉由計算星星的數量來猜測星系的質量，然後
用這個質量計算星系應該旋轉的速度，但是計算的結果並不符合觀
測數據。測量顯示，星系旋轉的速度比藉由星星數量預測的速度
還快。換句話說，星星應該就像轉盤上的乒乓球一樣，從星系的
邊緣飛走。為了解釋為什麼在這麼高的轉速中，星星仍然聚集在
一起，天文學家必須在計算中為星系增加相當大的質量。但他們
並沒有觀測到這些質量。但如果你假設每個星系中有為數眾多看不
見，或是「黑暗」的東西，那麼這個矛盾就可以解決了。

　　說有看不見或黑暗的東西存在，這種言論相當超乎尋常。著名

的天文學家卡爾·薩根曾說過：「超乎尋常的主張需要有超乎尋常的證據。」這個奇怪的難題在天文學界存在了數十年，一直沒有人可以理解。隨著歲月流逝，開始有愈來愈多人可以接受這種神祕、看不見又沉重的東西（或稱「暗物質」）存在。

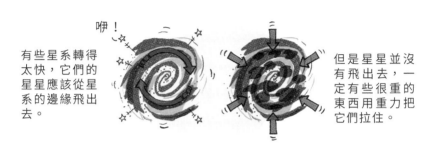

有些星系轉得太快，它們的星星應該從星系的邊緣飛出去。

咿！

但是星星並沒有飛出去，一定有些很重的東西用重力把它們拉住。

2.重力透鏡效應

科學家相信暗物質真實存在的另一個重要線索，是觀察到暗物質可以彎曲光線，這稱為重力透鏡效應。

天文學家有時候在觀察星空時，會發現一些奇怪的事情。他們會在一個方向上看到一個星系的影像。這沒有什麼奇怪的。但如果他們稍微移動望遠鏡到另一個方向，會看到另一個星系的影像，而這個影像看起來非常類似於第一個星系。由於這些影像的形狀、顏色和光線是如此相似，讓天文學家確信它們來自同一個星系。但是這怎麼可能呢？同一個星系的影像如何在天空中出現兩次？

如果在你和這個星系之間有沉重（且看不見）的東西存在，那麼看到兩次相同星系的影像是可以說得通的。星系的光線經過這個無形又沉重的東西時，會像通過巨大透鏡一樣發生彎曲，因此像是來自兩個不同方向。

*│ 1　不過星系是比轉盤稍微大了一點。

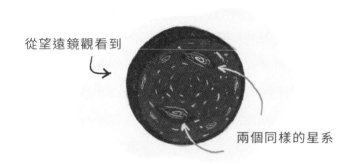

從望遠鏡觀看到

兩個同樣的星系

　　想像一下，光線由四面八方離開星系。接著想像兩顆光粒子（光子），從星系朝你的兩側射去。如果你和星系之間有一些沉重的東西，那個沉重物體的質量就會扭曲周圍的時空，導致光子沿著彎曲路徑，朝你而來[*2]。

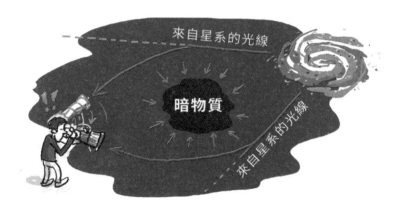

來自星系的光線

暗物質

來自星系的光線

　　在地球上，用望遠鏡朝天空不同的方向看，都可以看到同一星系的兩個影像。整個夜空中都可以觀察到這種現象；這個沉重的隱形物質似乎無處不在，無論我們往哪裡看，都會發現這個現象。暗物質很快就不再是一個瘋狂的想法。

3. 星系碰撞

　　透過觀察到太空中巨大星系的碰撞，我們發現了暗物質存在最有說服力的單一證據。數百萬年前，兩個星系團相互碰撞；雖然我們錯過了這史詩般的事件，但由於來自它的光線需要穿梭數百萬年才抵達我們眼前，所以我們可以坐下來，舒適的觀看碰撞所產生的爆炸。

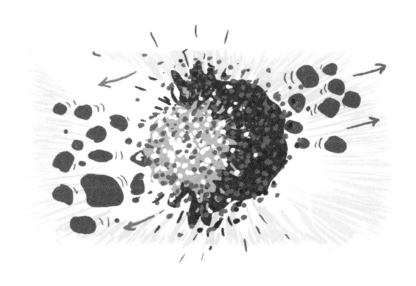

　　由於兩個星系團猛烈撞擊，從星系團噴出的氣體和星塵相碰撞，產生壯觀的大爆炸，撕裂了星塵組成的巨大星雲，就像充滿絢爛特效的舞臺秀，也像兩大堆水球以驚人的速度互擲。

　　但是，天文學家還注意到別的現象。在碰撞點附近，他們觀測到兩團巨大的暗物質。當然，暗物質是看不見的，要透過測量星系團背後星系發出的光經過星系團時，造成的變形來間接觀測。天文

---

*　2　愛因斯坦提出了質量會彎曲光線路徑的理論，並由他人以實驗證實。他就是人們口中說的聰明傢伙。

學家觀測到，這兩團暗物質就像沒事一樣，沿前進路線繼續移動。

　　天文學家拼湊出的結論是：有兩個星系團，每個星系團都有正常物質（主要是氣體和星塵以及一些星星）和暗物質。兩個星系團相互撞擊時，大多數正常物質按照預期的方式碰撞在一起。但是，暗物質碰到其他暗物質時，發生了什麼事？就我們觀察到的結果來說，什麼都沒有發生！暗物質團互相穿過對方然後持續前進，幾乎就像看不見彼此一樣。

　　從基本來說，這些星系的暗物質經由星系團的碰撞而剝離了。

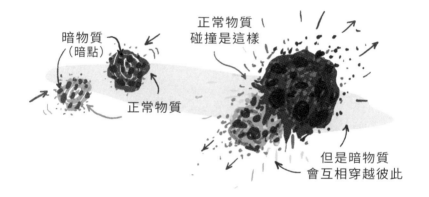

★我們對暗物質了解多少★

　　到目前為止，我們應該很清楚的認知到，暗物質是存在的，它是很奇怪的東西，與我們熟悉的物質都不同。以下是目前我們對暗物質的了解：

- 它有質量
- 我們看不見它
- 它喜歡和星系聚集在一起

- 正常物質似乎無法觸摸到它
- 其他暗物質似乎也不能觸摸到它 [3]
- 暗物質這個名字很酷

現在你可能在想，我的老天爺啊！我真希望自己是暗物質組成的，那麼我就會是非常棒的超級英雄了。什麼！你沒有這麼想？好吧，也許只有我們這樣想。

我們對暗物質的所知是，它沒有隱藏在遙遠的地方。暗物質往往會聚集成一大塊，和星系聚在一起飄浮在太空中。這表示此時此刻，暗物質很可能圍繞著你。當你讀到這一頁時，暗物質很可能正穿過這本書和你。但是，如果它就在我們周圍，為什麼會如此神祕？為什麼你看不到也摸不到它？怎麼會有東西在那裡，但是我們卻看不見？

研究暗物質是非常難的課題，因為我們沒有辦法和它有太多互動。我們看不到它（這就是為什麼我們說它「暗」），但我們知道它有質量（這就是為什麼我們稱它為「物質」）。要解釋為什麼這個現象有可能發生，我們首先要了解正常物質如何交互作用。

★物質如何交互作用★

物質間的交互作用有四種主要方式：

重力

如果兩個物體都有質量，它們之間會有相互吸引力。

---

*| 3　暗物質有可能透過一些新穎且未知的作用力而稍微感受到自己。

電磁力

　　這是兩個帶電粒子可以互相感覺到的作用力，而且是同性相斥異性相吸。

電磁力是你接觸
所有東西時，
感受到的作用力。

分子由
電力緊密
結合在一起。

　　日常生活中，你會實際感受到電磁力。如果你壓住這本書，紙張不會遭壓碎而你的手也沒有穿過紙張，原因就是書中的分子由電磁力緊密結合，然後排斥了你手上的分子。

　　當然啦！電磁也牽涉到光、電和磁性。稍後我們會談論更多光的特性以及粒子和作用力之間的深度關係。

弱核力

　　這種作用力在許多方面與電磁力相似，但是要弱得多。例如，微中子使用弱核力與其他粒子（微弱的）相互作用。在非常高的能量下，弱核力可以變得和電磁力一樣強大，並且已證明是稱為「電弱」的統一作用力的一部分。

強核力

　　這是把質子和中子束縛在原子核內部的作用力。沒有強核力，核中所有的帶正電質子將會彼此排斥，並一一飛走。

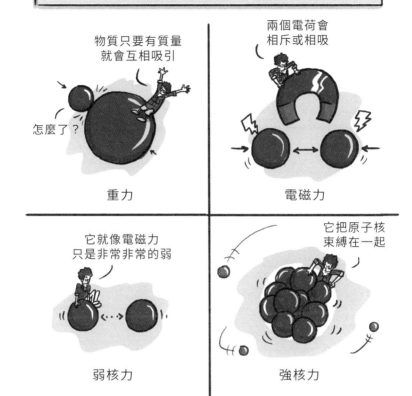

四種主要的作用力

物質只要有質量就會互相吸引

怎麼了？

重力

兩個電荷會相斥或相吸

電磁力

它就像電磁力只是非常非常的弱

弱核力

它把原子核束縛在一起

強核力

★暗物質如何交互作用★

有時候，物理學家就像植物學家一樣，只能把觀察到的東西忠實記錄下來。因此剛剛提到的四種基本作用力，也只是我們觀察大自然後得到的描述。我們不知道為什麼有這些作用力存在，也不清楚是否已經列出完整的基本作用力。不過目前為止，我們可以用這四種作用力解釋每一個粒子物理學實驗。

　　那麼，暗物質為什麼如此「黑暗」呢？就四種基本作用力來說，唯一確定的是，暗物質因為有質量，所以是可以感覺到重力的。我們認為暗物質沒有電磁交互作用力，不反射光也不發射光，所以我們很難直接看到它。暗物質似乎也沒有弱交互作用力或強交互作用力。

　　所以，除非有任何新的未發現交互作用力，否則暗物質似乎不能使用任何正常的機制與我們、我們的望遠鏡或探測器進行交互作用。這使得我們很難研究暗物質。

　　在我們認識的四個基本物質交互作用方式中，重力是唯一能應用在暗物質上的作用力。這是我們稱暗物質為「物質」的由來。暗物質裡面有東西，所以它有質量，既然有質量，它就會感受到重力。

★ 要如何研究暗物質？★

　　希望我們已經說服你，暗物質真的存在。絕對是有某些東西存在，才使星星不會從旋轉星系裡被甩向虛空的太空，並讓星系發出

的光線彎曲，且在巨型宇宙碰撞中瀟灑的走開。暗物質離開的方式，就像超級英雄一樣，在汽車爆炸後，頭也不回的用慢動作離開。暗物質就是這樣的酷。

但問題仍然存在：暗物質是什麼組成的？如果我們只研究了宇宙裡最簡單的百分之五，我們就不能假裝自己能回答這個宇宙大哉問。我們不能忽略占了宇宙百分之二十七的暗物質。簡單的說，我們對暗物質知道的不多。我們知道它存在，知道它有多少，大致在哪裡，但我們不知道它是由什麼樣的粒子組成的，甚至我們不知道它是否是由粒子組成的。請記住，在從一種不尋常的物質推廣到整個宇宙時，要很小心[4]。保持開放的心態是必要的，尤其是在處理這種只要有任何發現，都可能全面改變我們對宇宙和身處位置的看法時。

要在暗物質研究上取得進展，我們需要鑽研一些具體的想法，探討結果，並設計實驗來測試這些想法。暗物質可能是由正在跳舞的紫色宇宙大象組成的，而紫色宇宙大象又是新奇古怪不可檢測的粒子所構成。但由於這個理論難以測試，所以這個想法在科學研究上不是優先考慮的事項[5]。

一個簡單而具體的想法是，暗物質是由一種新粒子構成的，新粒子用非常微弱的新作用力與正常物質交互作用。為什麼我們只考慮一種新粒子？因為這是最簡單的想法，所以優先處理它是合理的。如同正常物質一樣，暗物質絕對有可能是由好幾種粒子構成的；而這些暗粒子也許有各種有趣的交互作用而導致暗化學，甚至是暗生物學、暗生命，以及暗火雞（這想法真是太可怕了）。

---

* | 4　你今天的午餐是起司三明治，並不代表所有人的午餐都是起司三明治。

* | 5　截至今日撰寫本文時，科學研究經費在哪仍是不可預測的。

這種新粒子有可能是縮寫為WIMP的粒子，WIMP代表「大質量弱作用粒子」（意即某種東西具有很大的質量，且能與正常物質進行微弱交互作用）。我們推測，它可能會用一個新的假想力來與一般正常物質進行交互作用，強度大約等同於微中子作用的程度，這是非常微小的。有一段時間，人們考慮過其他想法，例如暗物質是和木星體積不相上下的巨大正常物質。為了與WIMP做區分，就稱它們為MACHO（大質量緻密暈體）。

暗物質候選粒子

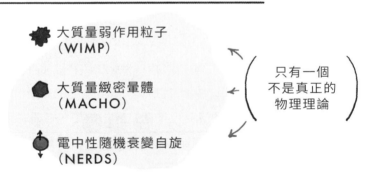

- 大質量弱作用粒子
  （WIMP）
- 大質量緻密暈體
  （MACHO）
- 電中性隨機衰變自旋
  （NERDS）

只有一個不是真正的物理理論

我們如何知道暗物質透過重力之外的其他力，來與正常物質相互作用？其實我們不知道，只是希望它們能這樣，因為這樣一來我們會比較容易發現暗物質。所以我們在進行幾乎不可能的實驗之

前，先嘗試了非常困難的實驗。

　　物理學家建立了實驗來探測這些假想暗物質粒子。一個經典的策略是準備一個裝滿冷壓縮惰性氣體的容器，容器外有探測器來檢測遭暗物質碰撞的氣體原子。到目前為止，這些實驗還沒有看到任何證據能證實有暗物質存在，但是現在這些實驗已經變得足夠大，也足夠敏感，所以我們期待它們能夠檢測到暗物質。

　　另一種方法是用高能粒子對撞機來產生暗物質，我們把正常物質粒子（質子或電子）提升到瘋狂的高速，並把它們徹底粉碎。這件事本身聽起來就很棒，而且還有附加價值：能探索宇宙的新粒子。粒子對撞有這樣的威力，是因為它們可以把一種物質變成別種物質。粒子粉碎時，不僅把內部的碎片重新排列成新的配置，而且還會消滅舊物質，產生出新形式的物質。我們不是在開玩笑，這就像是次原子層次的煉金術。這意味你幾乎可以（在一些限制條件下），做出任何種類的粒子，而且不需要提前知道你要尋找什麼。科學家正在研究這些碰撞，尋找其中一些可能導致暗物質粒子產生的證據。

　　第三種方法是把望遠鏡指向我們認為含有高密度暗物質的地方，其中離我們最近的是銀河系的中心，那裡似乎有一團非常巨大的暗物質。這個方法是基於兩個暗物質粒子可能會隨機碰撞和湮滅的概念。如果暗物質有辦法與自身交互作用，那麼暗物質粒子就可能會因為碰撞而變成正常物質粒子，兩個正常物質粒子也可能在碰撞後產生暗物質[*6]。如果這種情況經常發生，將會導致一些正常物質粒子具有特定的能量和位置分布，使我們的望遠鏡識別出這是否來自暗物質碰撞。但是要做到這一點，我們需要深度了解銀河系中

---

[*] 6　如果兩個正常物質粒子可以變成兩個暗物質粒子，那麼該過程也可以逆轉發生；就是說，兩個暗物質粒子可以變回兩個正常物質粒子。

心，而了解銀河系中心是另一個完全不同的神祕課題。

★為什麼暗物質很重要★

對於宇宙本質的認識，我們與洞穴科學家奧克和葛羅格的水準差不多。就算有了目前所有的科學發現和先進技術，我們對宇宙的了解仍是混沌不明，而暗物質是我們了解宇宙的重要線索。但是暗物質還不在現有描述宇宙的數學或物理模型中，我們雖然知道有大量的東西默默的拉住我們，但我們不知道它們是什麼。我們不可能聲稱了解自己的宇宙，但對其中這麼巨大的部分卻一點都不明白。

在你要開始對飄浮在周圍這些詭異、黑暗且神祕的東西感到煩惱時，不妨想一想：暗物質也許是很棒的東西呢！

暗物質是由我們從來沒有直接經驗過，也從未看過的東西組成的，它的行為模式很可能是我們意想不到的。

想想看暗物質可能有的驚人潛力吧！

如果暗物質是由一些新型粒子所組成，而且這些新型粒子是我們可以在高能量粒子加速對撞機中產生並善加利用的呢？又如果在尋找暗物質是什麼時，我們找出了一些史無前例的物理學規律，像

是新的基礎交互作用或是用新方法進行的已存在交互作用。如果這個新的發現讓我們可以用嶄新的方式來控制正常物質呢？

想像一下，如果有一種遊戲你已經玩了一輩子，突然間你發現可以用一些特殊的規則，或特別的新東西來玩，那會怎樣？透過弄清楚什麼是暗物質以及它如何運作，會解開什麼令人驚奇的技術或讓我們對宇宙有什麼新的理解？

不要因為暗物質是暗的，就以為它不重要，我們絕對不能永遠停留在搞不清楚暗物質的狀況中。

3

暗能量是什麼？

讓宇宙擴張的暗能量，將讓你頭腦發脹

　　當你知道，你所認知關於宇宙的一切，只能讓你在某種外星人（能從事星際旅行的智慧生命）舉辦的學測中，獲得僅僅五個百分比的成績，你可能會非常焦慮不安。讓我們面對現實吧！你受外星人大學錄取的機率大概非常低[*1]。我們來回顧一下人類物種所知道的知識，下面是宇宙的堆疊直行圖（真抱歉，我們已經用盡了所有圖表類型）：

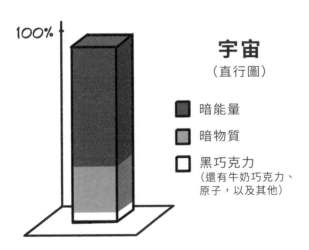

　　想像一下，你的一生都住在一棟驚人寬敞的房子裡，這房子占

據了你對所有東西的感知。有一天，你發現它其實只是一百層豪華大廈裡的五層樓。突然間，你的生活狀況變得更加複雜。其他二十七個樓層裡，住著沉重但看不到的居民，我們稱這些居民為暗物質。他們也許是很酷或是很怪的鄰居，不過基於某些原因，他們會在走廊裡避開你。

其他整整六十八個樓層近乎完全神祕。剩下的68%宇宙是物理學家所說的「暗能量」，占現實宇宙中最大塊，而我們對這部分幾乎一無所知。

首先，你也許會感到奇怪，為什麼稱它為「暗能量」。事實上我們可以為它取任何名字[2]。為什麼呢？因為，除了知道它導致宇宙迅速擴張之外，我們幾乎不了解它。

你第二個可能的問題是：「我們如何知道暗能量存在？」答案是：「純屬意外」。暗能量的發現完全是個驚喜。事實上，科學家原本正在嘗試回答一個截然不同的問題。當時，科學家正想測量宇宙擴張以哪種速度減緩，卻被下面這個事實困住了：宇宙並沒有放緩擴張的速度，而是擴張得愈來愈快。現在是我們走到樓上找出這些祕密的時候了。

宇宙正迅速擴大！

* | 1　這可能是最好的安排，外星人自助餐館的食物是相當奇怪的。
* | 2　我們幾乎可以為暗能量取任何名字，不過「黑暗面」已經被「星際大戰」用去了。

★我們正在擴張的宇宙★

宇宙中超過三分之二的能量是我們在尋找別的東西時發現的，要了解這件事到底多令人驚豔和瘋狂，我們必須回頭討論最初導致它發現的問題：

我們的宇宙有起始點嗎？還是宇宙本來就已經存在，而且會永遠保持現狀？

這問題看起來好像簡單，但實際上卻很有深度。在將近一百年前，對多數明智的科學家來說，宇宙顯然是永恆的，而且會永遠保持下去。大多數人沒有發現我們的宇宙正在變化。對他們來說，恆星和行星都處於永久的懸吊狀態，就像懸掛在天花板上的吊飾，或是掛滿在房間裡永不停歇的時鐘。

但是有一天，天文學家開始注意到奇怪的事情。他們測量了來自我們周圍恆星和星系的光線，並且得出結論：每一樣東西都在互相遠離。宇宙不僅僅是座落在那裡，它正在擴張。

而如果宇宙從以前開始就一直在擴張，這意味現在的宇宙比以前更大。如果你繼續往遙遠的過去想，你可以想像宇宙在以前某個時候曾經非常的小。

試著別去想，
我們是吊在誰的
天花板。

早期的宇宙

曾經許多物理學家認為這是荒謬的想法，且用諷刺的語氣稱這個想法為「大霹靂」。如果那些科學家活到現在，他們可能會在每次提到「大霹靂」三個字的時候，就做引號手勢還加上翻白眼。這個術語本來是用來嘲笑那些提出這個想法的人，但是後來卻變了樣。你知道有些東西從根本上改變了我們對宇宙的理解。這些嘲笑人的物理學家反而要尷尬了，

天文學家在1931年發現宇宙正在擴張，這表示宇宙可能從最初非常稠、非常密的點向外擴展[*3]。（請注意，這個點不飄浮在一些較大的空間中，它本身包含了所有空間，我們在第七章〈空間是什麼？〉會詳加討論有關空間的瘋狂新思維）。還有些能夠解釋觀察現象的「非大霹靂宇宙論」，但這些理論需要不斷創造新物質，讓不斷擴張的宇宙保持目前的密度。

如果宇宙有起始點，那麼你立即會想知道宇宙是否有終點。有什麼可能機制會讓巨大、雄偉且奇妙的宇宙到達終點？最重要的是，你是否有機會在宇宙終結前，把已經讀了很久但一直沒讀完的小說看完？

什麼可能導致宇宙終結？答案是我們的老朋友 —— 重力。

要知道，雖然宇宙中每樣東西都從大霹靂中往外激射，但重力卻把所有東西拉回來。宇宙中每件物質都感覺得到重力，重力也盡一切可能把宇宙拉回來。這對宇宙的終極命運有什麼意義？有人提出次頁的三種可能性：

---

*\| 3　我們無法寫下夠多的「非常」來表示這個點有多稠密。要知道，整個宇宙都壓縮進了一個點。

宇宙可能的命運

相對應的
表情符號

A. 宇宙有足夠多的東西，讓重力能減緩宇宙擴張，並讓宇宙往回收縮，這稱為「大崩墜」。	:O
B. 宇宙沒有足夠多的東西，讓重力減緩宇宙擴張，於是宇宙會繼續膨脹為無限稀釋且寒冷的孤寂宇宙。	:(
C. 宇宙有剛好數量的東西，讓重力減緩宇宙擴張，但還不夠讓宇宙停止繼續膨脹或往回收縮。宇宙以接近於零的速度繼續緩慢膨脹。	:|

　　令人興奮的是，答案是以上皆非！非常奇怪，真正的事實是神祕的第四選項，因為這選項太瘋狂了，只有少數科學家會想到：某些令人難以置信的強大神祕力量，正在擴大空間本身，所以宇宙膨脹得愈來愈快。這第四個選項是唯一與我們觀察宇宙獲得的結果，相互吻合的選項。

★我們如何知道宇宙在擴張★

宇宙的終極宿命似乎是非常重要的問題，但你可以放輕鬆一點。我們正在討論的未來是數兆億年後。你有充裕的時間完成你最暢銷的小說，甚至再寫續集。但這個話題對我們很重要，因為找到這個大哉問的答案時，我們還能夠更深入了解宇宙如何運作。有時，我們會在這些問題上，學到令人驚喜的東西，甚置影響到日常生活。例如，你是否喜歡手機上的GPS（全球定位系統）功能？我們之所以有準確的GPS，是因為愛因斯坦問了一個地球上一般人不會思考的問題：當東西以光速移動時會發生什麼事？而這問題導致了相對論的發展。沒有相對論，就不會有準確的全球定位系統。

為了預測宇宙的終極命運，科學家需要知道宇宙的擴張速度。科學家經由測量周圍星系離開的速度來做到這一點。

首先，你應該明白，在不斷擴張的宇宙中，所有東西都彼此遠離，而不僅僅是離開宇宙中心。想像一塊宇宙般大小的麵包，我們是麵包裡的葡萄乾。隨著麵包的烘烤和膨脹，葡萄乾會彼此分離，但是大小卻保持不變。

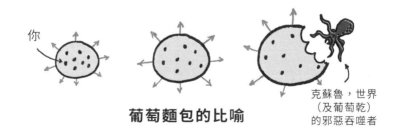

你

葡萄麵包的比喻

克蘇魯，世界
（及葡萄乾）
的邪惡吞噬者

但要知道宇宙的命運，我們要先知道這個擴張是否在變化：是否有其他星系離開我們的速度，比幾十億年前還要慢？或者有沒有

星系離開我們的速度，比幾十億年前還要快？我們想知道的是，宇宙的擴張速率如何隨時間變化。要了解這一點，我們需要知道東西以多快的速度遠離我們，並將現在的速度與過去的速度進行比較。

　　對於天文學家來說，看到未來是非常困難的，但是看到過去卻很容易。宇宙如此巨大，但光速有限，所以遠距離物體的光要花較長時間抵達地球。這表示來自遙遠星星的光，是非常古老的光，所攜帶的信息也是古老的。看著這個光，就像看到時間逆流。

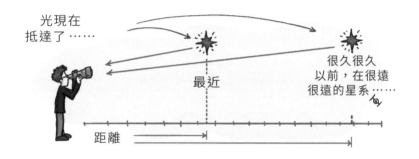

　　反過來看也是如此。如果住在遙遠星球上的外星人透過望遠鏡觀察地球，他們會看到很久以前就離開了地球的光。現在，他們可能正看到幾年前讓你非常尷尬的事件（你知道是哪一件事啦）。

　　所以，物體愈遠，我們看到的光愈老，可以看到的歷史也愈古早。這表示如果我們看到遙遠的物體以某速度移動，但是較接近我們的物體以另一個速度移動，我們可以推斷物體的速度隨時間變化了。我們可以從遙遠星星發出的光譜位移，測量出它的速度，警察也用這個技術（都卜勒效應）來開超速紅單。星星如果以愈來愈快的速度離開，我們觀察到的光會愈來愈紅。

　　想知道東西距離我們有多遠，我們需要做一些聰明的科學[4]。例如，你如何區分一顆亮度低但離我們較近的星星，和另一顆亮度

高但距離很遠的星星？透過望遠鏡，它們看起來是同個模樣，都像是夜空裡的小光點。這種狀況持續到科學家找到一種特殊星星後才有改善。這種星星在宇宙中到處都是，而且擁有精準可預測的相同特性。由於它們的大小和組成，這種特殊星星會以相同的速度增長，當體積達到一定的大小時，它們會做同樣的事情 —— 爆炸。更準確的說，它們做內向爆炸。但內爆威力如此劇烈，因此產生相應的大爆炸[5]。這種類型的爆炸稱為「Ia型超新星」。這些超新星有什麼用途呢？一般來說，它們都用同一種方式爆炸。也就是說，經過校正之後，你如果看到它很黯淡，就代表它距離遙遠；你如果看到它很亮，就代表它就在附近。彷彿是宇宙把這些相同的信標到處放，好讓我們知道宇宙是多麼大又多麼棒（宇宙神祕但不謙虛）。

　　天文學家稱這類Ia型超新星為「標準燭光」（天文學家很浪漫吧）。透過超新星，天文學家可以告訴你，遙遠的物體有多遠（因此有多老），再使用都卜勒頻移，就可以知道物體曾走得多快。這表示天文學家可以測量宇宙擴張的變化。

---

* 4　沒錯，科學是要動手做的。

* 5　天文學裡的爆炸鏡頭，比麥可・貝（Michael Bay）的「絕地戰警」、「絕地任務」、「世界末日」、「珍珠港」、「變形金剛」等電影更多。

　　了解了這個方法之後，兩組科學家團隊很快開啟了測量宇宙擴張速度的競賽。但是超新星並不容易發現，因為它們爆炸的生命期非常短。你必須不斷的巡天掃描，抓出那些突然變亮瞬即變暗，令人印象深刻的星星。因此，捕捉超新星得花上一段時間。

　　這兩支團隊假設，宇宙的擴張應該放慢或保持不變。這是合理的假設。如果宇宙爆炸了，而重力正試圖拉回一切，那麼只有兩個選擇：一是重力贏了並把東西拉回來，二是重力輸了所以一切都在穩定擴大。

　　當科學家測量這些超新星，並計算宇宙擴張速度時，他們預期重力將會獲勝。也就是說，他們預期會發現，更遠的星星（過去的星星）離開的速度，快於更近的星星（更接近現在的星星）。但是他們發現了相反的情況：現在的星星離開我們的速度，似乎比過去的星星更快。換句話說，現在宇宙的擴張速度比以前更快。

　　讓我們花點時間來思考這讓人十分意想不到的結果。天文學家心中有兩件事：一件是很久以前的宇宙爆炸，另一件是試圖把東西再拉回來的重力。然而，還有關鍵的第三件事：空間本身的大小。正如我們將在第七章〈空間是什麼？〉中詳細討論的，空間不是宇宙劇院播放的靜態空白背景，而是具有實體的東西，空間可

以彎曲（當有質量的物體出現時），產生波紋（稱為重力波）或擴張。看來空間正在迅速擴張，太空正在快速變得更大，有些東西正在創造更多空間，把宇宙中的一切向外推。

我們應該提醒你，實際結果顯示，宇宙擴張的速度從一開始就有所減緩，但是在五十億年前，有些東西持續不斷的使宇宙爆炸的碎片，愈來愈快的互相遠離。

驅使宇宙愈來愈大的這個力量，就是物理學家所說的「暗能量」。我們看不到它（這就是為什麼它是「暗」的），它把所有東西都分開（所以物理學家稱它為「能量」）。暗能量是如此巨大的力量，據估計，它占了宇宙質量和能量總和的百分之六十八。

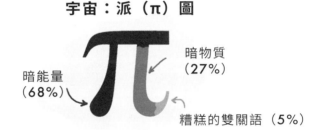

宇宙：派（π）圖

暗物質
(27%)

暗能量
(68%)

糟糕的雙關語（5%）

★宇宙圓餅圖★

到目前為止，我們非常具體的在宇宙圓餅圖上加了標籤。百分之五聽起來像是大略估計，但是當你知道暗物質占了百分之二十七，而暗能量是百分之六十八時，你必定料想物理學家用了不只一個方法來得到這些數字。

那麼，我們到底怎麼知道宇宙中有多少暗物質和暗能量呢？

關於暗物質，我們無法使用到目前為止所學的工具（重力透鏡和旋轉星系）來對它一點一點的進行測量，再全部加總。星星和暗

物質間不見得有正確的相對位置，能讓我們用這些方法。況且，總是會有更多暗物質隱藏在我們找不到的地方[*6]。

關於暗能量，我們真的不知道它是什麼，所以也無法直接測量。

感人的是，由於我們對這些事情的了解不足，因此設法用了幾種不同的方式測量它們的百分比。目前為止，這些不同方法得到的結果似乎都相當一致。

目前就我們所知，測量暗物質和暗能量多寡最準確的方式，是檢驗宇宙的嬰兒照：那是當宇宙仍然嬌小可愛時的照片[*7]。

我們將在後面的章節討論宇宙的嬰兒照如何拍攝，以及它代表的意義。現在，你只需要知道這張照片確實存在。這張照片的正式名稱為「宇宙微波背景」（CMB），看起來像這樣：

好吧，它不是那麼可愛。事實上，它像是一團有縐紋的混亂塊狀物（就像大多數嬰兒）。這張照片捕捉到了從早期宇宙形成中逃出的第一個光子。重要的是，照片中形成的皺紋和圖案的數目，對宇宙中暗物質、暗能量和正常物質的比例非常敏感。換句話說，如

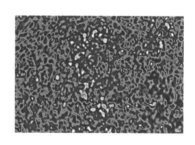

嬰宇宙
（不包含尿布）

果你改變比例，那麼照片中的圖案就會不一樣。事實證明，我們若要看到照片中的圖案，就需要約5%的正常物質，27%的暗物質和68%的暗能量。任何其他比例得到的圖樣，都會與觀察到的不同。

從超新星標準燭光中，我們學到了另一種測量暗能量的方法，那就是觀察宇宙的擴張速度。我們知道暗能量正在以愈來愈快的速

度，把所有東西向外推動。根據我們對物質和暗物質的估計，可以計算出需要多少暗能量，才能達到觀察到的擴張效果，這樣一來我們就可以估算出暗能量的數量了。

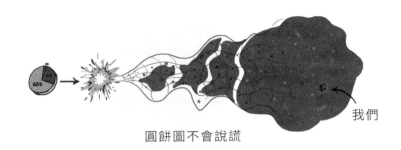

我們

圓餅圖不會說謊

　　最後，我們可以經由觀察宇宙現在的結構，來了解暗物質、暗能量和正常物質的比例。宇宙的星星和星系是以非常特殊的型態呈現的。使用計算機模擬，我們可以從目前狀態回溯到大霹靂剛發生之後，看看你需要多少暗物質和暗能量，才能讓模擬的結果看起來跟觀察的現狀一樣。例如，如果在模擬中沒有足夠數量的暗物質，那麼模擬的星系形狀就不會像現在看到的，並且模擬星系也無法像我們知道的那樣，很早就形成。暗物質由於有巨大的質量和引力，因此能幫助正常的物質聚集，使星系早日形成。同時，如果你試圖只用正常物質和暗物質來解釋宇宙中的一切能量，而不管暗能量（即暗物質占95％），那麼星系就不會正確的產生出來。

　　令人驚奇的是，這些方法得到的結果都是一致的。它們都顯示，我們的宇宙大致是由正常物質（占5％）、暗物質（占27％）和暗能量（占68％）的組合構成的。即使我們不知道這些東西是什麼，我們仍可以相當有自信的說，我們知道它們有多少。我們不

*｜　6　也許你搞丟的襪子和不知放到哪的鑰匙，也都在那些地方。
*｜　7　恭維孕育你的東西總是好事。

知道它們是什麼，但我們知道它們確實存在。歡迎你們來到精準但無知的時代。

你是我的老爸嗎？

我說的是我在更老遠的地方

千萬不要低估「黑暗面」的力量
暗能量擴張

★暗能量可能是……★

我們已經說明暗能量是如何發現的，以及暗能量的數量有多少，但它是什麼呢？簡單扼要的說，我們不知道。我們知道暗能量是巨大的力量，正在擴張宇宙並把宇宙裡的一切重要事物往外推。就在此時，暗能量正把你、我以及我們了解的一切都互相分開了[8]，而且我們不知道它是什麼。

目前普遍的想法是，暗能量來自於空的空間能量。是的，「空」的空間。

當我們說某樣東西是空的，代表它的內部沒有任何東西。更專業的說，我們認為這是純粹的空無一物。在星際空間的某些地方，根本沒有物質粒子存在（更別說暗物質了）。假如說，即使沒有物質，空的空間仍然具有能量呢？能量就是毫無理由的在空間

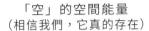

「空」的空間能量
（相信我們，它真的存在）

裡，就像穩定光源或低聲吟唱那樣。假如這是真的，這種能量也許提供能把宇宙向外推的重力效應。

這個想法雖然聽起來很瘋狂，但是它確實提出了驚人的合理解釋。事實上，在量子力學中，真空能量的存在是極自然的。根據量子力學，微小物體（如粒子）和大型物體（如人和泡菜）在世界上的運作方式截然不同。量子物體會做些對於泡菜來說完全沒有道理的行為，譬如：沒有精確定義的位置，出現在不可穿透的障礙的另一面，並且根據是否被觀察到，展示出不同的行為。此外，根據量子物理學，粒子可以從空的空間能量中彈現，然後再退出。

畢竟，量子力學給了我們不同的現實觀點，而相對論使我們放棄了絕對空間或時間的想法。那麼我們為何不接受，宇宙似乎是由充滿空間的真空能量推開的概念？

這個理論有個漏洞，當科學家根據量子力學試圖計算真空能量的大小時，得到的答案太大了。這個數字不是僅僅大了一點，而是十的六十次方到十的一百次方倍的大。這是「古戈爾」數量級的

---

* | 8　會把我們分開的，並不是愛，是暗能量。

大（請自己上谷歌搜尋）。據估計，整個宇宙的粒子數量只有十的
八十五次方倍。比較起來，真空能量驅使宇宙的想法有點太過頭
了。

如果你把它蓋好了，
它就會擴展⋯⋯

夢想能量球場

　　其他的想法包括，暗能量可能是新的特殊作用力場，就像電磁
場那樣瀰漫整個空間。有些力場在概念上能隨時間變化，這解釋了
宇宙的加速擴張為什麼從五十億年前才開始。這些理論有很多不同
的版本，但是共同之處在於難以測試。畢竟，某些場可能不會與我
們的粒子進行交互作用，因此難以設計實驗來檢測。某些場也可能
預測新的粒子（如希格斯場擁有希格斯玻色子），但這些粒子可能
非常沉重，超出了我們今日所能測量的範圍。這些粒子會有多重
呢？它們會比以前看到的粒子更重，但還沒有你的貓那麼重。

　　所有這些想法都還處於起步階段。它們只是最初的原始想法，
科學家將從中發展出更好的想法，直到我們徹底了解宇宙中大部分
的能量是什麼。相較於暗能量，暗物質看起來非常簡單和清楚，至
少我們知道它是物質。就字面上而言，暗能量幾乎可以說是任何東
西。如果有科學家從五百年後前來拜訪我們，我們目前關於暗能量
的想法也許對她來說會很可笑。就如同我們對早期的人依賴穿著長
袍的神解釋星星、太陽或天氣，覺得很古怪一樣。我們知道，宇宙

存在超乎我們能理解的強大力量。關於宇宙，我們還有許多必須了解的地方。

我來自未來……

來嘲笑你的。

★所以未來會……？★

如果宇宙因為暗能量而擴張得愈來愈快，那表示每樣東西都用比昨日更快的速度遠離我們。隨著擴張速度的提升，和我們相距甚遠的東西，最終將會擴張得比光速更快。這代表星星發出的光將無法到達我們。比起昨天，今天晚上的夜空已經少了幾顆星星了。按照這種擴張行為論證下去，你自然會得到一個結論：數十億年後，夜空將只有幾顆可見的亮星。而且，在更久遠的未來，夜空將可能深陷於幾乎完全的黑暗中。

想像你是未來地球上的科學家。在看不見星星和星系的情況下，你如何推測它們的存在？[*9] 如果宇宙繼續擴張下去，它最終可能會撕裂我們的太陽系、我們的星球，甚至是你玄子玄孫手中的智慧型手機。另一方面，由於我們對驅動宇宙擴張的原因認識不

*| 9　假如你想要觀賞星空，最好不要把露營行程延到數十億年之後。

多，宇宙擴張速度也可能會在未來放緩。

　　但是你還是不禁要這樣想：如果在往日能比現今看到更多星星，到底我們還錯過了哪些明顯的事實？畢竟，人類是在宇宙大霹靂之後的一百四十億年才來到這個世界啊。

未來的夜空 :/

4

物質的最基本元素是什麼？

你將看到，我們對於所觀察到最小的東西，知道的非常少

當你明白了，人類的科學知識只與宇宙5％的部分（所謂的「正常物質」）有關，可能會導致如下幾種反應：

一、使你自覺渺小、謙虛，以及些微的恐懼。

二、讓你否認、拒絕、堅決不承認。

三、喚起你的求知慾，對於我們可以從宇宙學到的所有東西感到興奮。

四、鼓勵你繼續閱讀這本書[1]。

如果你的反應是謙虛和恐懼，我們要告訴你一個好消息，我們將要花大部分時間來討論正常物質。附帶一提，如果暗物質確實導致暗物理學、暗化學、暗生物學，甚至形成暗物理學家。暗物理學家可能會認為，他們的物質是「正常的」。也許，你真的應該謙虛一點。

我們也有壞消息給你。我們並不完全知道，關於我們知道的宇宙5％的所有一切。

---

*| 1　而且買這本書送給每個朋友。

　　這可能會讓大多數的你們感到訝異。畢竟，人類雖然才出現幾十萬年，卻已經在科學方面達到相當好的成就。事實上，你可能會試圖辯解說，我們已經全面控制了宇宙裡我們居住的小角落。今天在我們手上握有這麼多時髦的技術，你會認為我們對日常生活科學理解得很好。我們甚至可以隨時隨地播放糟糕的電視節目。當然，這些發展對任何文明來說都是重要的里程碑。

　　有趣的是，事實上這亦真亦假（在這裡，我們指的是對現實生活科技有很好的掌握，而不是指我們可以掌握二十四小時真人實境秀）。

　　這是真的，對於日常物質，我們確實知道很多。但是，也有很多我們不了解的地方。最值得注意的是，我們甚至不知道某些粒子（物質的一部分）有什麼作用。就目前物理研究的結果，我們發現了十二種物質粒子，其中六種我們稱為「夸克」，另外六種我們稱為「輕子」。

然而，你只需要十二種中的三種來建構你周圍的一切，分別是上夸克、下夸克和電子（輕子之一）。還記的嗎？你可以用上夸克和下夸克來製造質子和中子，再加上電子，你可以製出任何原子。那麼其他九種粒子有什麼用途？它們為什麼存在？我們不知道。

這個狀況有多令人費解？好吧，想像你做了個大蛋糕，烘烤並裝飾後開始品嘗它（附帶一提，因為你是優秀的麵包師傅，這個蛋糕美味無比）。這時，你赫然發現竟然有其它九種配料從未使用。是誰把其他配料放在那裡？應該把它們用在什麼地方？究竟是誰想出了這道食譜？

事實上，我們對日常物質（宇宙百分之五那部分）的無知，遠遠深於粒子糕點的比喻。

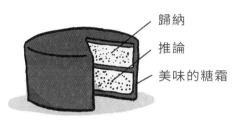

科學蛋糕

總而言之，我們知道如何將三種粒子（上夸克、下夸克和電子）組合成任何種類的原子，我們也知道如何用原子製造分子，並用分子塑造複雜物體，如蛋糕和大象。但是，我們只知道「如何」而已，我們知道東西是如何構成的，我們也明瞭如何把東西組建出來。從排汗內衣到太空望遠鏡，我們都知道如何製造。怎樣，聽起來很神奇吧[2]！

---

*| 2　還差得遠呢，我們還沒做出飛天車。

　　但是，我們不太清楚「為什麼」。為什麼這些東西是用特定的方式組合在一起？為什麼這些東西不用別種方法組合起來？這是唯一一個，能夠描述宇宙形成，並自圓其說的版本，還是像弦論物理學家提出的，可能有十的五百次方種不同版本？

　　我們還不知道宇宙中所有東西組合的基本原因。這就像音樂：我們知道如何製作音樂，我們隨著曼妙音樂唱歌、跳舞，但我們不明白「為何」音樂可以讓我們隨之律動。音樂就像宇宙一樣：我們知道它是有效工作的，但是我們不知道它的工作原理。

　　有些人可能會說，解釋宇宙的「為什麼」是不可能的；或說，答案也許存在，只不過我們可能永遠都找不到，更不用說去理解。我們把這方面的討論保留到第十六章〈萬有理論存在嗎？〉，但我們要強調一個重點，目前我們對宇宙的「為什麼」還是毫無頭緒。

　　現在，讓我們假設你是充滿好奇心，享受凡事追根究柢的人*3，你可能會想知道，如何回答宇宙萬物為何這樣構成的問題，並且找出已發現的「無用」粒子和宇宙形成之間的關係。

　　要理解有關宇宙基本的「為什麼」問題，我們得先弄清楚什麼是宇宙最深層、最基本的組成層次。這意味著我們要不斷解構宇宙，直到不能再解構下去為止。現實世界最小、最基本的組成單位是什麼？如果它是粒子，那麼我們想要弄清楚這種粒子是不是以更小的粒子組成，而這更小的粒子是不是又以比它們更加基本的粒子組成，我們會持續不斷，無窮無盡的解構下去，直到不能再解構為止（或者解構到厭煩而止，就看哪個先發生）。

　　一旦你發現了基本粒子，就可以檢驗它們，並可能找出一切事物的工作原理。這就像在樂高世界中找到最小的樂高積木塊。如果你發現這些基本粒子，就會知道所有東西互相鏈結的基本系統。你會真實深刻的認識這個現實世界，包括暗能量和暗物質（我們希望啦）。

　　現在，我們不確定是否已經探索到宇宙最小的組成單位。即使已經達到了，我們仍不知道已發現的樂高積木塊，是用什麼東西做的。但令人興奮的是，我們有地圖：一個不完備的宇宙填字遊戲。這個填字遊戲看起來很像我們以前看過的東西 —— 元素週期表。

★基本粒子週期表★

　　經過一個世紀的碰撞實驗，物理學家發現了十二個基本物質粒子，這些粒子可以整理成下面這樣的表格：

「基本」物質粒子

	第一代	第二代	第三代	電荷
夸克	上 U	魅 C	頂 T	+2/3
	下 d	奇 S	底 b	−1/3
輕子	電子 e	緲子 M	陶子 T	−1
	電子微中子	緲子微中子	陶子微中子	0

一點點質量　多一點質量　更多質量 →

　　讓我們花點時間來體會，這張表的出現是多麼重要的里程碑。還記得洞穴物理學家奧克和葛羅格最初的宇宙論嗎？這個理論如下[4]：

宇宙論
（作者：奧克和葛羅格）

宇宙就是

奧克和葛羅格。
奧克最喜愛的石頭。
葛羅格的寵物美洲駝。
……

　　它確實描繪出宇宙完整的圖像，但對我們沒有太大幫助。因為它只是敘述顯而易見的東西，並沒有告訴我們任何基本的或有洞察力的知識。後來，希臘人提出的想法是，一切東西都是由四種元素組成的：水、土、空氣和火。這個想法明顯是錯的，但至少還是往正確方向邁出一步，因為它試圖簡化對世界的描述。

　　然後我們發現這些元素、岩石、地球、水和美洲駝，都是由一小堆不同種類的原子組成的。接著我們發現，即使原子也是由更小的粒子製成的，其中一些粒子是由甚至更小的粒子（夸克）製成的。從整個發現過程中，我們學到最重要的一堂課是，原子和美洲駝都不是宇宙的基本元素。如果有一個宇宙的基本方程式（無論是什麼），我們可以確定它沒有一個名為 $N_{美洲駝}$ 的變量，因為美洲駝就像原子，並不是宇宙的基本元素。原子和美洲駝無法定義宇宙的本質，它們只是更深層現實的總匯（突現），就像龍捲風是風的突現，而星星是氣體和重力的突現。美洲駝，抱歉了。

　　把我們知道（或不知道）的東西排列整理到表格中，可以幫助

非宇宙基本單位

原子　　　　美洲駝　　　　龍捲風　　　美洲駝捲風

我們判斷出是否有特別模式或缺少的東西。想像一下，你是十九世紀的科學家（是的，你可以想像自己戴著愚蠢的鏡框），你還不知道原子實際上是由較小的電子、質子和中子構成的。如果你把所知的內容整理到元素週期表中，將會發現一些有趣的事情。

　　你會注意到，週期表一邊的元素活性很大，而另一邊的元素幾乎是完全惰性的，而且鄰近元素有類似的屬性，例如金屬的性質大致相近。而且有些元素很難找到。

元素週期表
（俄羅斯方塊版本）

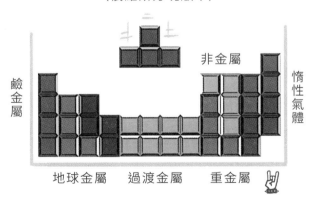

*| 4 「……」代表的是「諸如此類」最多數量的物質。

　　所有這些令人好奇的模式都顯示出相同的跡象，元素週期表不是宇宙的基本描述。這些元素暗示，有更深層的東西存在。就像我們遇到一群兄弟姐妹，並注意到他們之間有些相似之處。即使他們都不一樣，你也可能會根據他們的樣子或行為，猜想他們來自同一對父母。科學家以同樣的方式看了初版的週期表，發現了模式，並想知道其中是否少了一些東西。

　　現在我們知道，週期表中的模式來自電子軌道的排列，我們知道表上每一個空格都有一個元素，並且有些元素比其他元素稀少，因為它們是放射性衰變的。只要把正確數量的中子、質子和電子組合起來，我們就能得到每一個元素。

　　其中的關鍵是，我們整理了當時所有的知識，並仔細研究。然後，我們開始注意到模式和缺少的部分，這讓我們提出了正確的問題，促使我們更加深入透澈了解宇宙運作方式。

如何做科學　→　組織你知道的知識　→　尋找模式　→　問問題　→　買件花呢手肘補丁獵裝外套

　　物理學家花了將近整個二十世紀的時間，才做出這個基本物質粒子（夸克和輕子）表。我們稱這些粒子為「基本」粒子，不是因為它們很簡單，而是因為我們還看不到它們是否由更小的粒子組成。我們實際上沒有任何證據顯示，它們是宇宙中最基本的單位，但它們是我們到目前為止看到最小的東西。

　　如果你研究第59頁的粒子表，會發現它也有一些有趣的模式。首先，你會注意到有兩種物質粒子：夸克和輕子。我們知道它們是不一樣的，因為夸克感覺到強核力，但是輕子沒有。那麼你可

能會注意到，構成日常物質的粒子都在第一欄：上夸克、下夸克和電子。第一欄的第四個粒子叫做電子微中子（ν_e），它像鬼魂一樣穿梭在宇宙裡，並沒有與任何東西進行太多交互作用。

粒子模式

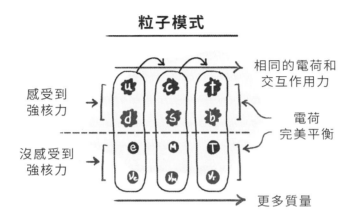

但等等，不只這樣！除了這四個之外，還有其他粒子，它們也都納入表格中。每一欄看起來都像第一欄（具有相同的屬性，如電荷和交互作用力），除了它們比較重[5]。我們稱這幾欄為「代」，我們已經發現了三代。

你可能馬上對我們的粒子表有一些疑問：

● 它是否跟著樺木一起來[6]？

● 這些粒子有什麼用途？

● 粒子質量的模式是什麼？

● 這些1/3電荷有什麼用？

● 是否有更多的粒子？

---

[5] 他們比較喜歡被說是「骨架大」。

[6] 譯注：樺木是普遍用於製作桌子的材料，而桌子與表格在英語裡是同一個字。

這些都是自然會問的問題，而且這些神祕問題的答案可能會嚇倒一些人，請先做個深呼吸再往下閱讀。還記得，我們的策略是整理並排序我們所知的知識，然後尋找可用於提出正確問題的模式和漏洞。提出正確的問題將有助於我們更深入了解發生了什麼。

幾十年前，這個基本粒子的表格還不完整。夸克和輕子還沒有人發現。但是物理學家看著表中的圖案，並用它們去尋找缺少的粒子。例如，很多年前，科學家知道必須有第六個夸克，因為表上有一個空白的地方。即使第六個夸克從未被發現，人們也一直確信它的確存在，在許多教科書中介紹這個粒子，並預測它的質量。二十年後，才終於發現了頂夸克（它的質量遠高於預期，這就是為什麼花了這麼長時間才找到，而且所有教科書都必須重寫了）。

所以，物理學家已經用這種方式來填寫和研究這個重要表格中的模式。在過去的幾十年中，我們匯集了一些答案，在某些情況下，也匯集了更多的問題。

★ 這些粒子有什麼用途？ ★

我們確定的一件事就是：粒子只有三代。希格斯玻色子的發現排除了第四代的存在（有關希格斯玻色子的大小事，請參見第五章〈質量的奧祕〉）。但是，這是什麼意思？「三」是宇宙基本數字嗎？如果你發現了描述宇宙的單一方程式，它會含有「三」這個數字嗎？數學家和理論物理家並不像天主教偏好數字「三」，他們喜歡的數字是0、1、π，也許是e。他們並不認為「三」有什麼特別的涵意。

「粒子有三代」可能代表什麼？我們不知道，我們根本毫無頭緒。對於粒子有多少「代」沒有任何讓人心服口服的解釋。很可

能，粒子週期表就像元素週期表的模式一樣，是另一個大自然更深層規則的湧現。幾百年後的科學家可能會認為，線索就近在咫尺，答案顯而易見，但對現在的我們而言這還是難解之謎。如果你找到答案了，請別吝於拜訪當地的粒子理論學家，分享你的發現。

★粒子質量的模式是什麼？★

在元素週期表中，原子的質量和它們形成的模式，是讓我們釐清宇宙萬物運行規律的關鍵線索。從質量模式來看，我們推斷出每個元素的核心帶有特定數量的質子和中子（即原子序，是透過原子核的正電荷量來標定的）。不幸的是，基本粒子的質量並沒有明顯的模式，以下是這些粒子的質量值。

質量數

	第一代	第二代	第三代
夸克	2.3	1275	173070
	4.8	95	4180
輕子	0.5	105.7	1777
	< 0.000002	很小但不是零	很小但不是零

單位是百萬電子伏特／光速平方
（大概是一個巧克力片的 0.000000000000000000000000009 倍）

　　除了愈高代的粒子愈重的這個趨勢之外，我們沒有找到這些數值的任何模式。這可能與希格斯玻色子有關（見第五章〈質量的奧祕〉），但到目前為止還沒有明確的答案。且看超大質量的頂夸克，它重達175個質子，與金原子核一樣重[*7]。這十二種粒子的質量範圍跨越十三個數量級。為什麼？我們受線索包圍，但不知從何下手解謎。

★那1/3電荷是怎麼回事？★

　　夸克與輕子不同，夸克感受到強核力，且具有奇怪的分數電荷（+2/3和 −1/3）。如果以正確的方式混合上夸克與下夸克，可以產生質子（兩個上夸克和一個下夸克，電荷 =2/3 + 2/3 − 1/3 = +1）和中子（一個上夸克和兩個下夸克，電荷 = 2/3 − 1/3 − 1/3 = 0）。這是非常重要的（且幸運的），因為電子的電荷剛好是 −1。如果夸克具有更多（或更少）的電荷，質子的電荷就不會精確平衡電子的負電荷，於是不能形成穩定的中性原子。沒有那些完美的 −1/3 和 +2/3 電荷，我們無法存在，也沒有化學、生物，更沒有生命。

　　這實在令人著迷（或令人毛骨悚然，取決於你的偏執程度），因為根據我們目前的理論，粒子可以有任何電荷；這個理論同樣適

用於任何電荷值，就我們所知，我們現在的平衡完全是巨大而幸運的巧合。

有時在科學上確實會發生巧合。譬如，月球及太陽，它們的實際體積差異很大，但它們在空中看起來，大小幾乎相同，因此日食能夠戲劇性的發生。日食純粹是宇宙巧合（是少數可以列入「宇宙巧合」的科學案例），但是日食讓古代天文學家一度大惑不解，走了許多冤枉路，試圖尋找太陽和月亮的關聯。但這巧合還不算完美，天空中的太陽和月亮看起來，大小差了1%。

然而，在基本粒子的例子，質子和電子的電荷量是完全相同的（但電性相反），我們不知道為什麼。根據我們最好的理論，這些數字的大小本來是可以任意的。這是完美精準、一毫不差的巧合。電子與夸克之間的關係代表什麼意義？我們不知道，但應該有更簡單的解釋。如果在你掉了兩千美元那一天，你的鄰居找到了兩千美元，那麼你會說這是巧合嗎？你大概只在想盡了很多更簡單的解釋後，才會下這個結論*8。

也許，這種電荷的精確匹配實際上是另一個跡象，即這些粒子有更深層次的組成單位。或許這兩種類型的粒子實際上是一體兩面，或是由一組共同的超小樂高粒子所組成*9。

★是否有更多的粒子？★

除了六個夸克和六個輕子這十二個物質粒子（我們不將反物質粒子計為特定粒子）之外，還有傳遞作用力的粒子。例如，電磁交

---

*｜7　這應該讓你印象深刻。

*｜8　也許你該搬到另一個社區。

*｜9　踩到它們仍然會痛。

互作用力透過光子傳輸。兩個電子彼此排斥時，它們實際上是交換一個光子。雖然這從數學上來說不是完全正確，但是你可以把電磁交互作用力，想像成一個電子透過發射光子來推動另外一個電子。

光子

還算正確的粒子交互作用圖像

我們知道的五種作用力載子：

作用力載子

	作用力粒子	傳遞的作用力
☀	光子	電磁力
●⋯●	W 及 Z 玻色子	弱核力
🦠	膠子	強核力
🅷	希格斯子	希格斯場
⸫	~~迷地原蟲~~	~~原力~~

　　這張表結合我們之前提到的十二個物質粒子，是我們已發現的全部粒子列表，但是我們不知道這張粒子表是否「完整」。理論上，粒子數量並沒有上限。宇宙可能只有十七種粒子，也可能有上百、上千甚至上千萬種粒子。我們知道沒有更多代的夸克和輕子，

但肯定還有其他種粒子的存在。到底有多少粒子？我們不知道。

★什麼是最基本的物質元素？★

那麼這些粒子有什麼用途？如果日常生活需要的只是前三種粒子（上夸克、下夸克和電子），為什麼還要有其他無用的粒子？讓我們看看三個可能答案：

一、誰知道，就是這樣。

二、有人知道，且不是這樣。

三、「無用」是相對的。

第一個答案，也許就是這樣：這些粒子是宇宙中最基本的元件，宇宙的組成表剛好有十到二十個一長串的基本元件，沒有什麼特別的原因。也許有其他宇宙存在，而且有不同的十到二十個基本元件組成表，只是我們可能永遠看不到它們。

第二個答案，也許這些粒子不是宇宙最基本的元件，它們是由更簡單、更基本，而我們尚未發現的粒子組成。也就是說，我們知道的粒子是這些更基本的粒子結合而成的。這可以解釋為什麼在目前的粒子表中，有一些模式和巧合。這個答案可能是正確的，但我們還沒有證據。

第三個答案，我們說這些重粒子是「無用的」，也許只是因為它們不能用於製造最輕粒子的穩定形式，也就是質子、中子和電子。宇宙大多是由這些最輕的粒子製成，只是因為現在的宇宙又大又冷。在過去當宇宙還是較小、較熱以及較密的時候，我們也許有更多的重粒子，而且這些重粒子可能不會那麼沒有用處（但是一切

我們比較喜歡說自己是「暫時失業」

上夸克、
下夸克　　電子　　　　　　　沒用的粒子

都會因此完全不同）。

　　說到這裡，我們想要傳達給你的是，科學家仍然在努力弄清，我們熟悉的那百分之五宇宙是如何工作的。我們已經有了很長遠的進展，但是我們還沒有徹底理解，為什麼萬物依循這種方式運行。我們已經找到一組構成這個宇宙的基本元件，但是我們不能百分之百肯定這是完整的列表。

　　令人興奮的是，我們有扎實的基礎來探索這個問題。基本粒子表（物理學家稱為「標準模型」）可能涵蓋所有這些尚未解釋的模式和「無用」的粒子，但基本粒子表是基於真實的觀察結果，我們可以拿它當地圖，用來發現宇宙的真實內部運作方式。發現新粒子是令人極興奮的（即使它們無法應用在日常生活中），因為這表示我們可以擴展描繪宇宙的地圖。

　　想像一下，如果暗物質是由某種粒子組成的，一旦我們發現這種粒子，就能立即了解宇宙的百分之二十七。事實上，如果我們發現暗物質只能由一種粒子（與我們正常物質進行非常弱的交互作用那種）組成，這可能是最無聊的暗物質劇本。如果暗物質是由許多瘋狂的粒子，甚至是完全不同種類的非粒子物質組成，不是會更讓人興奮嗎？

　　關鍵在於，為了回答宇宙的基本問題，我們必須盡可能深入鑽研日常物質的構成。在這條路上，我們可能會挖掘出，在日常物質中沒有明確作用的粒子或現象。但我們也知道，這些無法解釋的東

西是屬於宇宙的一部分，所以它們應該握有為什麼萬物如此運行的線索。回答這些問題將從根本上改變我們看待自己的方式。換句話說，我們可以找到自己的（宇宙）蛋糕，也可以吃掉它。

我找到蛋糕了！

5

質量的奧祕

我們會在這章輕輕帶過一些沉重的問題

你也許曾聽人（穿實驗室白袍的科學家，或穿短褲和襯衫的物理學家）說過：「你絕大部分是空洞無物的。」別把這句話當做人身攻擊，他們的意思是，我們是由原子組成的，而原子的絕大部分都集中在一個微小的核心，在核心周圍有很多空的空間，這讓人聽起來像是說：你應該能穿牆而過。

這個陳敘有部分是對的。但是完整的故事比這更奇怪，且與「質量」的許多奧祕有關。你看，關於宇宙雄偉的奧祕並非只藏在星星、星系或是奇怪的粒子之中。有些奧祕就在你身旁，甚至在你自己身體裡面。

關於質量，我們對它耳熟能詳，但是質量到底是什麼？我們為什麼擁有質量？雖然我們感受得到「質量」，其實我們對它真正的了解並不多。從襁褓開始，你就培養出一種感覺，有些東西比其他

東西難以推動。即使對這感覺再怎麼熟悉，大多數物理學家仍然掙扎著解釋有關質量根本意義之類技術上的細節。正如你將在本章中學到的，你身體大部分的質量並不是由你體內所有粒子所組成（當然，你也不能全都歸咎於昨天晚上的甜點）。我們甚至不知道為什麼有些東西有質量，有些東西沒有質量。我們也不知道為什麼慣性能夠完美平衡重力。質量就是如此神祕！

所以，繼續閱讀關於質量許多未解的問題吧！不讀下去絕對是巨大的錯誤。

★東西的基本成分★

當你認為有些東西擁有質量時，你可能會想到它們內部有多少基本成分。這種思維方式大部分的時候是正確的，因為你可以把質量想像成典型的東西（比如一頭每天看得到的正常美洲駝）內部所有粒子的總和。也就是說，如果你把一隻美洲駝切成一半[1]，那麼美洲駝的質量就是這兩塊的總和。如果把美洲駝切成四塊，它的總質量將是這四塊的總和。以此類推，如果你把美洲駝切成無數塊，你可以把每一塊的質量加起來，得到它的總質量。對不對？

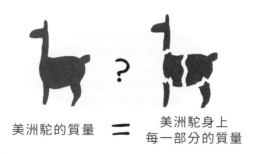

美洲駝的質量　＝　美洲駝身上
　　　　　　　　每一部分的質量

---

*｜ 1　美洲駝思想實驗，千萬別在家裡嘗試。

　　大錯特錯！好吧，這個推演大部分是對的。你把美洲駝切成兩塊、四塊、八塊甚至是 10^{23} 塊時，都還是對的。你繼續切下去時，這個公式就錯了。箇中原由聽起來很奇怪：美洲駝的總質量不僅僅是牠體內基本成分的質量，還包括把基本成分放在一起的能量。這是一個很奇怪的想法，讓我們花點時間澄清一下。

　　如果你從未聽說過這個概念，那麼你可能希望這只是一個語義上的伎倆，我們賦予「質量」某種技術上的定義，這個定義和我們熟悉的「質量」截然不同。簡短的答案是：不，我們說的質量就是你所理解的質量，只不過，質量並不是你以為的那樣罷了。

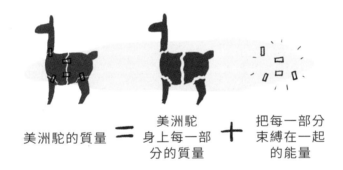

美洲駝的質量　＝　美洲駝身上每一部分的質量　＋　把每一部分束縛在一起的能量

　　較長一點的答案需要先釐清質量的定義。質量是使物體抵抗速度變化的特性。簡單的說，如果你推東西一把，它會加速（改變速度）。但是，如果你用相同力量推不同的東西，你會注意到有些東西加速得很快，有些東西幾乎沒有加速。請你在家裡嘗試一下，用發泡膠子彈玩具槍射擊周圍找得到的東西，譬如面紙和睡覺中的大象[*2]。每個發泡膠子彈的射擊力道都幾乎一樣，但是對面紙的影響遠遠大於睡覺中的大象。這就是我們所說的質量。

　　這個定義也是你在日常世界中對質量的體驗，並沒有什麼弔詭之處。大象比面紙有更多質量，並不是造成大象較難移動的原

因，而是這就是質量的定義：較重的質量在相同的作用力之下，得到較低的加速度。這個定義有時稱為「慣性質量」，因為這種抵抗加速度的特性也稱為「慣性」。透過施加一定的力量於物體上，並測量物體的加速度，可以輕易量到慣性質量。（請注意，質量的第二個定義是「重力質量」，我們將在稍後討論。）

現在我們已經仔細界定了質量的定義，透過這個定義，我們可以隨時使用政府發布，且由美國航太總署工程師校正過的發泡膠子彈玩具槍，來測量美洲駝的質量。有了這個方法，我們可以回頭進行之前的「粉碎美洲駝」科學思想實驗。

當你打破了把美洲駝束縛在一起的原子鍵時，這些原子鍵的能量會釋放出來，因此美洲駝切片的總質量會減低。美洲駝被切成兩塊時，你不會真的注意到質量的變化。但是，如果你完全粉碎了美洲駝，那麼質量的差異會成為可觀的數量。儲存在美洲駝原子鍵之間的能量，實際上給了美洲駝更多的質量。這不是理論猜想，而是

---

*| 2　大象的反應可能和你射擊的部位有關。想一想，我看你還是別在家做這個實驗好了。

實驗觀察的結果[3]。

　　其實，對美洲駝而言這個效應並不是很大。例如，如果你打破了把美洲駝的原子綁在一起的所有化學鍵，那麼「美洲駝的質量」和「美洲駝所有原子的質量總和」之間，並不會有太大區別。即使你把每個原子分解成質子、中子和電子，質量差異仍然不會很大（大約只差總質量的0.005%）。

美洲駝的質量　＝　美洲駝身上所有　　＋　大約是束縛能
　　　　　　　　　電子、中子以及　　　　的0.005%
　　　　　　　　　質子的質量

　　但是，對更小的粒子來說，結果就不一樣了。如果我們把美洲駝的每個質子和中子，分成它們的組成夸克（記住，每個質子和每個中子，各由三個夸克組成），我們將看到巨大的差異。事實上，質子或中子的大部分質量，來自把三個夸克結合在一起的能量。

　　換句話說，如果你把三個夸克的質量加在一起（透過用發泡膠子彈玩具槍擊打每個夸克），並與束縛在質子或中子裡同樣的三個夸克的質量（透過用發泡膠子彈玩具槍擊打質子或中子）比較，你會看到很大的質量差異。單個夸克的質量大約僅占質子或中子質量的1%。其餘的，是把這些夸克維持在一起的能量。

　　這些例子說明了，能量儲存在粒子鏈結之間時會發生的情況：它使物體組合後的總質量，比組成成分的質量和還大。

　　讓我們看看，這個現象有多麼違反直覺，想像你拿了三粒豆

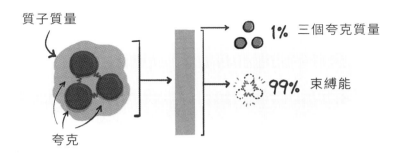

子，分別測量每一粒的質量。三粒豆子的質量有多少？當然是三粒豆子的質量總和。到目前為止還算容易。現在，想像你把三粒豆子放進一個小袋子裡，這個袋子用很大的能量把豆子牢牢固定在一起。突然間，你會發現，整個袋子的質量感覺起來，會比袋子裡豆子的質量要重得多。除了更重之外，袋子更難從一個點移到另一個點。現在的情況是，袋子大部分的質量，不是袋子內豆子的質量和，而是把豆子聚在一起所需的能量。

傑克與魔豆：為「質量物理學」
精心設計的比喻

---

*　3　沒有人成功粉碎了美洲駝，但有做過類似的實驗。（在此釐清，我們並不支持把美洲駝粉碎。除非你是決定把你的祕魯龐克搖滾樂團命名為「粉碎吧！美洲駝」，在這種情況下，我們會熱烈的支持。）

最瘋狂的是，你的身體大部分是由這一袋袋的豆子（質子和中子）所製成，這表示你的大部分質量不是來自於組成你的「東西」（夸克、電子），而是來自把你的「東西」聚在一起所需的能量。在我們的宇宙裡，當我們討論某些東西的質量，得包括把這些東西聚在一起所需的能量。

令人驚訝的部分是，我們對於為何如此一無所知。

我們百思不解，把豆子聚在一起的能量，為什麼能夠影響一個東西在受力後，加速的快慢。沒有理由說，你想要推動一小袋豆子，必須感受到豆子內在的能量。無論豆子是用口水或強力膠粘在一起，對你來說應該都不重要。然而，這確實很重要，這是質量的巨大奧祕之一。即使我們可以測量質量，我們仍不知道慣性是什麼，也不明白為什麼物體的質量與組成粒子的質量，和把粒子結合在一起的能量息息相關。你可以說，我們對「慣性質量」的了解微乎其微，還不及對一堆豆子的了解。

我們對「慣性質量」的了解就這麼一點

★特別惱人的粒子質量★

當你發現物理學不能真正解釋慣性這般基本的物理量，而腦袋還沒炸裂，那麼請準備好接受另一個讓人瞠目結舌的大發現：即使我們把質量指定給夸克或電子等基本粒子，質量也不是真正存在的「東西」。事實上在物理學的架構下，沒有所謂「東西」的存在。

在我們當前的理論中，粒子實際上是空間裡不可分割的點。這意味理論上粒子占據的體積是「零」，並且粒子正好座落在三維空間裡一個無限小的區域。粒子沒有占據任何空間[4]。因為你是

粒子組成的，也就是說你的身體不僅僅大部分是空的空間，你完完全全就是空的！

　　想一想，這個質量的觀念有多麼荒謬。還記得吧，一些粒子的質量非常微小，小到近乎於零，而其他粒子擁有又肥又大的質量。就拿一個沒道理的問題來說明吧：電子的密度是多少？電子具有非零質量，但是它的體積是零，所以電子的密度（質量除以體積）實際上是……無意義？簡直是豈有此理！

　　或以頂夸克和上夸克為例，這是兩個除了質量之外完全相同的粒子。頂夸克就像是上夸克的超胖表哥，它們有相同的電荷量，相同的自旋量和相同的交互作用力。它們都應該是基本的點粒子，但是頂夸克的質量比上夸克多出了大約7.5萬倍。然而它們占據相同的空間（大小為零），行為模式幾乎完全相同。那麼它們當中的一個，是要如何比另一個有更多質量，卻沒有更多的「東西」呢？

*|　4　有些粒子尺寸的定義包含了圍繞它們的虛擬粒子，但是我們採取更嚴格的定義。

　　我們之所以認為這沒有任何道理，是因為粒子與你日常經驗中遇到的其他任何事物都不同。在嘗試了解新的東西時，我們會很自然的使用熟知的事物當模型[*5]。我們還有別的方法嗎？就像是向三歲小孩解釋老虎是什麼一樣，你可能會說：「老虎就像大貓咪一樣。」這個譬喻也許還可以。直到有一天，你的三歲小孩試圖把手放進動物園的籠子裡，像逗小貓一樣逗弄老虎。這時，你的配偶會向你狂吼說：「你是個什麼樣的爛家長，竟然用理論不完整的比喻教小孩。」這些心智模型是有用的，但你必須記住這些模型的極限。

　　我們喜歡把粒子想成一個極小的球狀物。雖然粒子不是迷你小球，甚至一點也沾不上邊，但這個想法已經成功應用在許多思想實驗中。根據量子力學，粒子是瀰漫整個宇宙量子場裡超級奇特的微小起伏。這意味把粒子視為遵守「極小球模型」的想法是沒有道理的。例如，粒子可以在一個不可滲透的屏障的一邊，然後在下一刻出現在屏障的另一邊，而不用穿過屏障[*6]。如果你用已知的物體來理解量子粒子，你會認為量子粒子可以做看起來極荒謬的行為，那只是因為量子物體不同於你曾經遇到的任何東西。

　　我們腦海裡的模型對於給予我們直覺或幫助我們視覺化是相當有用的，但是請記住一個重點，它們只是模型，而模型可能崩潰。這就是你用已知的經驗來思考點粒子的質量所發生的事。

　　讓我們來看另一個極端的例子：粒子的質量可以是零嗎？例如，光子的質量正好是零。如果沒有質量，那麼它是什麼樣的粒子？如果你要求質量等於「東西」，那麼你必定要得出這個結論：一個沒有質量的粒子，內部沒有任何東西。

　　別再把粒子質量視為有多少東西被擠壓進超級迷你小球裡，要把質量當做用來標定無限小的量子物體的標籤。

粒子模型崩潰中

　　你可能沒有意識到，但事實上在討論粒子的電荷時，你就已經這樣想過了。我們都知道電子具有負電荷，但是當你想到這一點時，有沒有問過自己：電荷存放在電子裡的什麼地方？給電子充電的東西是什麼，電子裡有夠多儲存電荷的空間嗎？這些問題看起來很蠢，因為我們把電荷看成粒子與生俱有的一部分。電荷是標籤，而且可以有很多數值：0、−1、2/3，等等。你可以試著用同樣的方式去想質量，那麼質量就會變得更有道理一點。

---

* | 5　用已知的知識描述未知的事物，是物理學的核心任務。這樣會讓你在雞尾酒會上看起來很聰明。

* | 6　量子穿隧效應是一個很成熟的物理現象，已經普遍應用於某些超級顯微鏡中。它真的發生了。

如果說，電荷代表粒子可以感受到電力（如被其他電子排斥），那麼質量對粒子的意義是什麼？質量是給出粒子慣性（抵抗運動）的東西。但我們還沒有理解的是：為什麼東西有慣性？慣性從何而來？慣性的意義是什麼？誰能在我們需要幫忙時，即時相助？答案是：希格斯玻色子。

★希格斯玻色子★

在2012年，粒子物理學家宣布發現了希格斯玻色子，這個發現成為了國際風雲新聞。儘管幾乎沒有人理解希格斯玻色子是什麼，不過大家都很興奮。《紐約時報》寫道：「希格斯玻色子的發現，代表科學的進步，能對現代文明提供最好的解決方案」，沒錯，希格斯玻色子顯然比電腦、沖水馬桶和真人實境秀都好[*7]。

那麼，希格斯玻色子是什麼呢？來個小測驗考考你的知識。現在請先作答，讀完本章後請試著再作答一次。我們很希望你的分數不會下降。

希格斯小測驗

1. 在「希格斯玻色子」這個名字用來命名粒子之前，它最為人
   所知的是：

   a. 兒童最愛的電視小丑

   b. 中情局最危險的間諜代碼

   c. 在「星際大戰」中，天行者路克的兒時玩伴

   d. 你朋友在「龍與地下城」中的角色

2. 對或錯：如果直接吞下去，希格斯玻色子比超火辣口味「奇
   多」更容易上癮。

3. 對或錯：希格斯玻色子是希格斯和玻色這兩位理論家所預測
   的粒子。

在附注中核對你的答案，看看你知道多少[8]。

認真來說，找到希格斯玻色子是科學的一大勝利。它給了我們
一個最佳展現，那就是：尋找模式是了解宇宙的良好方針。

希格斯玻色子可能存在的想法，來自於研究傳遞作用力的粒子
模式，以及關於它們質量的問題，這些粒子是光子、W玻色子和Z
玻色子。物理學家問：「為什麼它們其中的光子沒有質量，但是其他
粒子（W及Z）的質量非常大？」就一個我們稱為質量的標籤來說，
這種有些力場粒子質量是零，但有些不是零的特殊情況，實在是太

---

*| 7　我們承認，希格斯可能至少比其中一個更重要。

*| 8　如果你真的回答了任何一個問題，這代表了你應該好好閱讀這一章。

奇怪、太莫名其妙了。

我一直以來都很輕啊。

希格斯和其他幾位粒子物理學家關注了這個問題一段時間，就決定這樣找出答案：把質量做出來吧。真的，他們就是這樣做的！如果你再添加一個粒子（希格斯玻色子）和它的場（希格斯場）到方程式裡，那麼把質量視為粒子標籤（以及某些粒子為何有更多質量）的想法，就開始有了意義。

大致說來，這個理論可以如此陳述：希格斯場可以想像成一個瀰漫整個宇宙的場。它可以做其他場不能做的事：既非吸引力也非排斥力，而是讓粒子寸步難行或是速度減緩。希格斯場能讓粒子達到與擁有慣性質量般的相同效果。

希格斯場與粒子之間的交互作用愈多，粒子看起來擁有的慣性（或是質量）就愈大。這進一步暗示，粒子與希格斯場交互作用所產生的慣性，就是粒子的質量。這就是粒子「擁有質量」的定義。一些粒子非常強烈的感覺到希格斯場，代表它們需要很大的力量來加速或減速：這些粒子有很大的質量。其他粒子幾乎感覺不到希格斯場，所以它們只需要很小的力量來加速或減速：這些粒子幾乎沒有質量。這就是希格斯理論定義的質量。

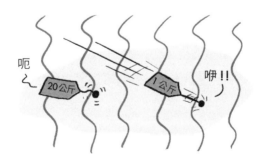

讓我們花點時間思考一下。希格斯場的發明，是一個典範轉移的見解，同時也是一個明顯無趣的聲明。

希格斯場是一個典範轉移，因為它給了你對於「質量是什麼？」這個問題，一個全新的思考方式，這是不得了的成就。

但是，希格斯場的論述也是沒什麼大用的，一旦你接受了粒子質量不過是神祕的量子標籤，而不是粒子的內含物。那麼認識到標籤上的質量大小是來自一個遍布宇宙的神祕場，並不能幫助你了解什麼是質量。

事實上，它沒有解決最重要的問題：「為什麼粒子有不同的質量？」希格斯理論說：「粒子有不同質量的原因，是因為粒子對希格斯場有不同的感覺。」所以，所有的理論都是把一個問題變成另一個不同的問題：「為什麼所有物質粒子對希格斯場的感覺都不一樣？」

我要怪在希格斯場的頭上。

根據希格斯理論，物質粒子的質量大小並沒有特別的理由。質量大小就好像是隨機選擇一樣，也可以有完全不同的數值。即使你改變質量，也不會打破任何理論，現有的物理定律仍然照樣運行。當然，使一些粒子稍微重一點，也許會對其他東西產生巨大的影響，譬如說，質子、中子和電子，我們拿這些粒子來製造價位過高的季節限定拿鐵（或是更廣泛的化學和生物學）。但是根據目前的理論，物質粒子的質量大小是任意參數，可以自由設定為任意值。

希格斯理論確實解釋了為什麼作用力粒子（光子、W 和 Z）具有現有的質量，但是不能通盤解釋物質粒子為什麼具有不同質量

（為什麼有些與希格斯場交互作用多，而有些卻很少）。質量大小可能有種模式，但是到目前為止我們還沒找到。我們處理質量問題的複雜程度，就像奧克和葛羅格通過列表來解釋事情一樣。我們如法泡製，結果最好的宇宙理論只將物質粒子的質量列為任意數目。

也許，一些未來的科學家將會看著我們的列表，翻白眼嘲笑我們的無知，同時寫下更簡單的理論。質量的大小在這理論中不再是任意參數，而是對自然更深刻、更美麗的描述。不過，未來將會如何，我們毫無頭緒。

★重力質量★

我們來到了有關質量奧祕的最後一片拼圖。

當我們之前思考如何測量某物的質量時，你很可能也想到了一個不同於發泡膠子彈玩具槍的精確方法：何不用磅秤！磅秤能測量物體的重量，也就是測量地球對物體施加的重力拉力。這與質量密切相關，因為擁有更多的質量，受到地球的拉力愈大。地球對大象的拉力大於地球對面紙的拉力。

在一個粒子的情況下，你也可以把重

力質量看成「重力荷」。當兩個粒子有電荷時，它們彼此感覺到電力，電力與電荷成正比。以同樣的方式，當兩個粒子具有質量時，它們感受到與自身質量成比例的重力吸引力。

說也奇怪，你不能有負質量，因此只有重力吸引，沒有重力排斥[9]。重力與其他作用力不同，我們將在下一章中詳加探討。

重力只有吸引力

★ 兩種質量是一樣的嗎？ ★

重力質量與我們前幾頁談論的慣性質量相同嗎？可以說是，也可以說不是。

說它不是，因為我們所謂的「重力質量」，似乎決定了施加在物體上的重力，而且我們使用不同於慣性質量的技術（磅秤）來測量它[10]。

說它是，因為我們可以用兩種方式來測量質量，到目前為止，我們從未觀察到物體的重力質量和慣性質量之間的差異。

這多麼令人匪夷所思。沒有真正的直觀原因有說明，兩種質量應該一樣。它們其中一個（慣性質量）是描述如何抵抗運動，另一個（重力質量）是描述有多想被重力拉動。

* | 9　是幾乎沒有。不過暗能量和宇宙暴脹可能是由於重力排斥。
* | 10　這是牛頓的重力觀。往後，我們會學到廣義相對論的版本，在廣義相對論裡，重力不是作用力，把重力視為質量造成的時空扭曲會更加合理。

大型質量示威遊行

　　你可以做一個簡單的實驗來證實這一點。在真空環境下（所以沒有空氣阻力）把兩個不同質量的物體（如貓和美洲駝）同時從相同高度拋下，你會看到牠們以相同的速度掉落。為什麼會這樣呢？如果美洲駝的重力質量較大，那麼牠受到地球上較大的力量拉扯；但是由於美洲駝還具有較大的慣性質量，所以需要更大的力量才能移動牠。這兩個效應完全互相抵消，因此貓和駱駝以相同的速度掉落。

　　以我們現在的物理學架構來看，我們不知道為何如此。我們只是假設兩種質量是一樣的，而這個等效性假設，是愛因斯坦廣義相對論的核心。廣義相對論用非常不同的方式看待重力。它不是把重力視為：作用於附著在粒子和能量背後的任意「荷」，而是把重力描繪為質量和能量周圍時空的彎曲或扭曲。所以，愛因斯坦的理論讓兩種質量的聯繫更加自然，不過它還是沒有告訴我們「為什麼是這樣」。是否有兩個任意參數（慣性質量及重力質量）？兩種質量是不是有關連？兩者在不違反物理學定律的情況下，是否可以有所不同？

　　除了相對論之外，我們的粒子物理學理論把重力質量和慣性質量視為不同的概念，但實驗上我們看到，它們是一樣的。這非常強烈的表明，兩種質量有極深刻的聯結。

★重量級問題★

讓我們回顧一下有關質量離奇古怪的行為：

 質量是奇怪的，因為一個東西的質量不只是它內部基本成分的質量。質量也包括把基本成分綁在一起的能量。為什麼？我們不知道。

 質量是奇怪的，因為質量其實像是標籤或荷（這不是真正的「東西」），我們不知道為什麼某些粒子有質量（或感覺到希格斯場），而其他粒子沒有質量。

 質量是奇怪的，因為無論你透過慣性測量或重力測量，測到的質量大小完全相同。為什麼？我們也不知道。

饒有興趣的是，所有對於質量奧祕的探究，已經實質上幫助我們在了解宇宙的其他問題方面取得進展。記得嗎？星系的旋轉和質量不足的問題給了我們跡象，那就是宇宙中有一種看不見的新物質 —— 暗物質。事實上，關於暗物質，我們所知道唯一的事情就是，它具有質量，更精確的說是「重力質量」。

一想到這些如此基本又攸關我們自身存在的問題依然是個謎，就令人驚訝。如果物理學家無法解決這些問題，進而協助我們在晚上睡得更好，那麼我們為何要花錢在這些物理學家身上？不是這樣啦，事實上是當你愈加探索深究質量，你就會意識到仍有更多令人困惑的問題。

確實無疑（又令人興奮）的是，質量是宇宙如何運行的基本特性，質量也清楚連接了宇宙的動態部分（例如能量、慣性和重力）。只要我們把它們之間的聯結追根究柢，就能夠進一步了解我

們所居住的廣闊又美麗的宇宙。這將是（好的，最後一個雙關語）
「重量級」的酷。

6

為什麼重力和其他作用力這麼不同？

小重力的大問題

　　你知道重力是什麼嗎？重力控制繁星運行，創造黑洞，並讓蘋果掉在毫無頭緒的那位著名的物理學家頭上。

　　但是，你真的了解重力嗎？

　　你看到重力正在你周圍運作，而我們把重力的行為模式與其他基本作用力比較時，立即會注意到重力的與眾不同：重力強度出奇的弱，它幾乎總是吸引力而不是排斥力，重力和量子世界觀也無法相處融洽。

　　重力不相容於其他作用力，這點非常玄奧又令人沮喪，因為尋找模式是我們理解宇宙的方法。環顧四周，我們這個美麗宇宙的多樣性和複雜性可能讓你手足無措。不過，一旦找到模式，你就可以開始理解宇宙。舉例來說，想想看，假如你研究某人的網際網路瀏覽歷史紀錄的模式，你可以對這個人了解多少。再想想，也許瀏覽歷史紀錄是宇宙裡你想置之不理的那一部分。

　　不過，物理學家找出合適模式來理解事物的渴望，讓他們垂涎於把所有物理統一成單一理論[1]。重力不符合所有其他作用力的模式，是達成這個目標的一大障礙。在本章中，我們將探索重力為

*| 1　說實話，物理學家很容易流口水。

什麼如此奇特，為何重力不僅僅是把尋常的木瓜或美洲駝拉到地球上，重力還有更深刻的奧祕存在。所以，讓我們開始陷入其中吧，我們可能甚至會因重力作用，被某些答案吸引住。

★重力真微弱★

每個人或多或少都曾想過：「我為什麼可以站在地球上呢？」我們得到的答案都是「重力」。沒有重力，我們將全部飄浮到太空裡，宇宙將是由塵土和氣體組成的黑暗、巨大、無定形之雲。不會有任何行星、星星、愚蠢的熱帶水果、星系，或購買物理幽默書籍的帥哥美女。重力的規模很大，但是它的強度實在很弱。

重力有多微弱？大致來講，其他三個基本作用力要比重力大 10^{36} 倍左右，也就是重力只有它們的 1/1,000,000,000,000,000,000,000,000,000,000,000,000。

我們要怎麼樣來理解這麼小的數字？讓我們借用小學一年級學分數的策略。如果你把一個木瓜等分成4塊，每塊將是四分之一個木瓜。簡單吧！如果你把一個木瓜等分成10^{36}塊，每一塊都會是……小於單一個木瓜分子[2]。事實上，你需要把大約200萬個木瓜等分成10^{36}塊，每一塊的大小才會約略等於一個木瓜分子。

我們需要
更大的卡車

木瓜專車

有個好方法可以看到重力有多微弱：做一些與其他作用力相比較的實驗。你不需要在地下室安裝粒子加速器，只要拿標準的廚房磁鐵來提起金屬小釘子。在這個實驗中，釘子受整個行星（地球）的重力往下拉，然而，一個小小磁鐵的力量就足以使釘子不掉下來。一個小磁鐵就強過了整個行星的力量，因為磁力比重力更強大。

在這一點上，你可能會想：如果重力比所有其他作用力弱36個數量級，那麼它為什麼可以對我們的宇宙造成劇烈影響？重力會不會被周圍更強大的作用力吹倒，像是在龍捲風中打噴嚏那樣[3]？重力如何讓行星和恆星聚在一起？它如何防止每個人都像超人一樣翱翔？如果其他作用力如此強大，那麼它們不會壓倒重力並徹底清除重力對宇宙的影響嗎？

---

* | 2　木瓜分子叫做「木瓜子」，它們小而美味。
* | 3　或是在龍捲風中放屁。

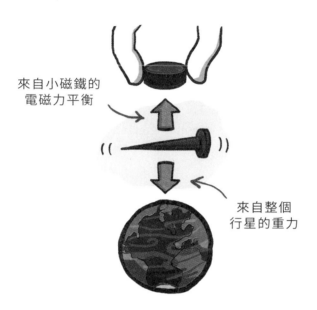

來自小磁鐵的
電磁力平衡

來自整個
行星的重力

　　答案是，在大規模尺度下和處理龐大質量時，重力非常重要[*4]。弱核力和強核力是短距力，所以大多只在次原子層面上才感覺得到。儘管電磁力遠比重力強大，但是電磁力在恆星和星系運行中並沒有多大作用，而這與重力的一個有趣事實有關：重力只有一個方向。

　　重力只能把東西拉在一起，不能把東西分開[*5]。原因很簡單：重力強度與所涉及物體的質量成正比，但你只能有一種質量：正的質量。相形之下，電磁力有兩種電荷（正與負），弱核力和強核力分別有「超荷」和

我不走
雙向道。

「色荷」，它們的特性都與電荷類似，超荷和色荷可以有多種數值[*6]。

　　重力作用的方式跟磁力差不多，但並不完全一樣。你可以把質量當成是粒子的「重力荷」，它可以確定粒子感覺到多少重力。但因為沒有「負」質量，因此帶有質量的粒子，重力不互斥。

基本作用力

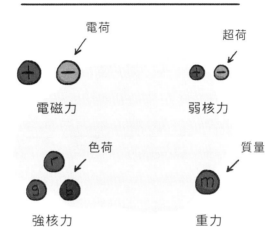

這很重要，因為這意味著重力不能被抵消。但電磁力在大規模尺度下是會互相抵銷的。如果太陽絕大部分是由正電荷組成，而地球大部分是由負電荷組成，兩者間將有巨大的吸引力，我們的星球早就被太陽吸進去了。

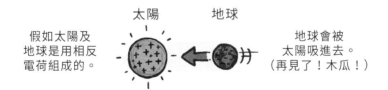

---

* 4　重力喜歡大質量，毫不隱藏，其他作用力不能忽視重力的存在。
* 5　這幾乎是對的，不過也請參閱第十四章〈大霹靂時發生了什麼事？〉中有關大霹靂時期的重力排斥。
* 6　強核力總共有三種荷，稱為「色荷」，分別為「紅色」、「藍色」和「綠色」。要抵消紅色荷，你可以添加藍色和綠色粒子以獲得中性或「白色」物體，或者是找到紅色荷的反粒子。

　　但是因為地球和太陽分別是由幾乎相等數量的正電荷和負電荷組成的，兩者之間的電磁作用幾乎可以忽略。地球上的每一個正、負電荷粒子，都受太陽的正、負電荷吸引和排斥（反之亦然），所以所有的電磁力就都互相抵消了。

幸運的是，
太陽和地球
都是用
相等數量的
正、負電荷組成的。

所以地球
不會被太陽吸進去。
（派對開始吧！）

　　這一切並不是偶然。電磁力如此強大，可以來回吸收電荷，直到任何殘餘的不平衡消失。這是在宇宙生命初期（在40萬年前，「前木瓜」時期），幾乎所有物質都成了電中性原子，並與電磁力找到平衡。

嗡……

　　由於地球和太陽之間沒有電磁力，而且弱核力和強核力不能在長距離尺度下工作，唯一剩下的作用力是重力。這就是為什麼重力在行星和星系尺度下占主導地位，因為所有其他作用力都是平衡的。儘管重力極具吸引力，它卻像是派對曲終人散後，最後留下的那一個人。當其他所有人都成雙成對回家了，重力卻只有手裡的木瓜相伴。而且因為重力只能吸引，所以它永遠不能自我抵銷。

　　所以重力有兩個奇怪而且至今尚無法解釋的屬性：首先，重力真的極度薄弱，尤其是與其他基本作用力相比，更是如此。就像在戰鬥時，其他所有人都各自帶了一把光劍，而重力卻只帶了一根牙籤。其次，重力只有吸引力。所有其他作用力，會根據涉及粒子的荷類，進而相吸或相斥。為什麼重力如此不同？我們不知道。

★量子難題★

　　重力幾乎符合其他三個基本作用力所設定的模式，但也並不完全符合。我們可以把重力視為類似其他基本力的作用力，並把質量想像成和其他荷一樣。但是重力要弱得多，而且只能在一個方向上發揮作用。這種作用力間明顯的不一致，表示我們現有的模式是無效的，或者我們遺漏了什麼很重大的東西。

　　事實證明，重力在其他更深刻的方面也相當奇怪。我們有一個數學架構可以用來解釋所有物質粒子，以及四個基本作用力其中的三個，這個方法稱為量子力學。在量子力學中，一切東西都描述成粒子，甚至這三個作用力也是如此。當電子推動另一個電子時，它不會使用物理作用力或某種看不見的念力來進行。物理學家認為這種交互作用，是一個電子往另一個電子上扔一個粒子來轉移動量。在電子的情況下，這些承載粒子稱為光子。在弱核力的情況

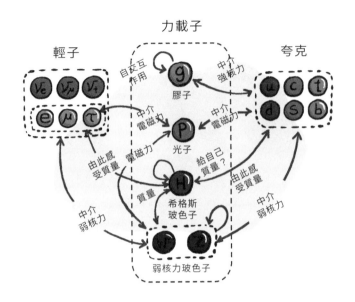

粒子交互作用力
比「夜市人生」還錯綜複雜

下，粒子交換 W 和 Z 玻色子。強核力則是粒子交換膠子而來[*7]。

　　這個量子力學架構，就是第四章〈物質的最基本元素是什麼？〉的粒子物理學標準模型，它在描述大多數自然世界時非常成功（記得嗎？「大多數」指的是高達宇宙的5％）。用量子粒子角度來看這個世界，可以讓我們解釋許多實驗結果。量子力學也預測了我們聞所未聞的事物，像是其他物質粒子或希格斯玻色子。量子力學甚至解釋了，為什麼弱核力作用範圍這麼短：弱核力載子的質量很大，因而限制了它們的移動距離。但是標準模型有一個大問題：它不能用來描述重力。

★重粒子是基本粒子或漫畫裡的超級大反派？★

有兩個原因使量子力學無法描述重力。首先，為了將重力引入標準模型，我們需要一個傳遞重力的粒子。物理學家發揮創意，把這個假想粒子命名為「重力子」。如果重力子存在，這表示當你坐著（或站著）受重力往下拉時，你體內所有粒子與你腳下地球所有其他粒子，時時刻刻都在互相傳接微小的量子球。地球繞行太陽時，地球所有粒子和太陽所有粒子之間，也都有穩定重力束流。問題是，沒有人看過重力子，所以這個理論有可能大錯特錯。

你並不懶惰，
你只是受地球上的
每個粒子往下拉而已。

另一個讓物理學家無法將重力融入量子力學的原因，是我們已經有了一個偉大的重力論。這個重力論稱為「廣義相對論」，是愛因斯坦在1915年提出的，而且表現得十分出色。廣義相對論有截然不同的重力觀。愛因斯坦把重力視為時空本身的扭曲，而不是兩個物體之間的交互作用，這代表什麼？愛因斯坦意識到，如果你不

---

*| 7　你可能不相信我們，因為我們編造了「木瓜子」。但是，膠子的確是真實存在的！

把時空想得太抽象，也不認為時空是所有物質的隱形背景，而是將時空視為動態流體或是彈性薄片，那麼重力會變得相對簡單。物質（或能量）使周圍時空彎曲，改變物體路徑。在愛因斯坦腦海中的圖像裡，沒有重力作用，只有時空扭曲。

看似合理的重力論

時空扭曲　　　重力子的媒介　　飛麵大神溫暖的擁抱

　　根據廣義相對論，地球之所以能繞行太陽而非奔向太空，並不是因為有作用力在軌道上拉引，而是因為太陽周圍時空受到扭曲，使得對地球而言的直線，實際上卻是圓（或橢圓）。在這種情況下，重力質量並非是某些粒子身上有，而其他粒子身上沒有的荷量；相反的，重力質量是用來衡量物體扭曲周圍時空的程度。廣義相對論可能聽起來離奇古怪，但它卻成功描述了局域重力、宇宙重力與其他許多我們在太空中觀察到的特異現象。它也解釋了光線為什麼繞著物體彎曲、GPS 的工作原理，以及預測了黑洞的存在。

　　廣義相對論相當好用，以致於我們認為它可能是對自然的正確描述。但問題在於，我們還無法把廣義相對論與其他基本理論結合。這個基本理論也就是量子力學，我們認為它也是對自然的正確描述。

　　部分問題是，這兩個理論看待世界的角度大相逕庭。量子力學將空間視為平坦的背景，但廣義相對論告訴我們，空間是屬於動態、有彈性的「時空」的一部分。重力究竟是時空的扭曲，還是在粒子間飛梭的小量子球？因為我們宇宙中的其他一切都有量子性，所以重力如果也遵循相同規則，是很合理的。但是直到今日，我們還沒有證據可以說服自己，重力子真的存在。

重力可能是沮喪子

　　更為棘手的是，我們甚至無法預測，合併後的量子力學理論會是什麼模樣。物理學家經常能夠預測經由實驗發現的粒子（如上夸克或希格斯玻色子），但時到今日，我們試著統一重力和量子力學的所有理論都失敗了；這些理論不斷提出荒謬的結果，如「無限大」。（理論上）理論學家是一幫聰明人，他們有些獨具匠心的想法，有朝一日，這些想法可能會導出統一理論，如弦論或迴圈量子重力論。但是平心而論，目前為止仍進展緩慢。我們將在第十六章〈萬有理論存在嗎？〉詳加討論有關統一所有知識的理論。

★黑洞對撞機★

　　總而言之，重力看起來與其他兄弟姐妹作用力十分不同，因此每個人都懷疑它是宇宙夫人收養的或是紅杏出牆的結果。重力比其他力小得多，只有一個方向（只吸引而不排斥），看起來不相容於其他力的理論結構，以上總總，是宇宙中最大的奧祕之一。為何如此？我們一無所知。我們可以做些什麼來回答這些難題呢？

　　了解世界如何運作的一個方法是進行實驗測試，然後提出別出心裁的想法，來解釋我們所看到的結果。理想情況下，我們想同時測試廣義相對論（古典重力論）和量子力學，看看何者為真（如果其中有的話），何者為假。舉例來說，如果我們觀察到兩個質量粒子交換重力子，將帶來決定性的證明：重力是量子現象。

　　如果能這樣做，那會很棒，但想想這個實驗有多難。記住，重力真的很弱，甚至整個地球的重力也沒超過一個小磁鐵的電磁力。如果把兩個粒子聚集在一起，它們之間的重力將幾乎為零，並且會受更大的電磁力、弱核力和強核力的力量壓過去。

　　為了觀察重力，我們需要不計其數的質量。我們需要創造一個實驗情況，在那裡我們讓巨大無比的質量相撞，而所有其他基本力都已互相平衡。不，我們絕不是想讓百萬公斤的木瓜對撞[8]。你把想像力發揮到臨界點，試著在心中擘劃出一個令人難以置信的概

念：「黑洞對撞機」。

如果要在量子位階上探測重力，你需要把兩個巨大的宇宙物體相互撞擊。顯然，這不是一個人可以建造或操作的實驗（合理估計出的預算，會使建造死星看起來物美價廉）。然而很幸運，我們的宇宙幅員遼闊，充滿了稀奇古怪的東西。如果花足夠長的時間觀察，你幾乎可以找到任何夢寐以求的東西，包括對撞中的黑洞。

雖然黑洞對撞事件無法按計畫發生，而且不可重複。但是每隔一段時間，當兩個黑洞靠得夠近，就會試圖吞噬對方，這正是科學家正在尋找的。宇宙中有些黑洞正發生碰撞，陷入死亡螺旋狀態，而且可能會產生重力子，並把重力子往每個方向射出。我們需要做的就是觀察！但這並不容易，即使由黑洞對撞機產生的重力子，也將很難發現。重力相當微弱，即使重力子穿過你，你也沒有感覺。還記得微中子嗎？它是鬼魅般的粒子，可以穿過一個光年厚的鋁塊。重力使微中子看起來像交際花：周遊於聚會裡，以與眾人交談為樂。事實上經過計算，木星大小的偵測器即使靠近超強重力源，每隔十年也只能看到一個重力子。

黑洞殊死戰

★讓我們務實一點，來參觀黑洞吧★

如果不可能看到單一獨立的重力子，我們怎麼可能理解重力是否為量子論呢？另一種做法是，找出一個物理狀況，在這種狀況下兩種理論會給出不同預測。例如，稍微不現實的狀況是，探索黑洞內部。

廣義相對論告訴我們，黑洞的核心裡存在一個奇點。在奇點上物質十分密集，因此重力場變得無限大。這將是（真正）令人費解的經驗，因為時空會扭曲你對任何東西的直觀理解。廣義相對論對於奇點的存在並沒有太大問題，但量子力學卻對奇點無法認同。根據量子力學原理，任何東西不可能被完全孤立為單一點（如奇點），因為總是有不確定性存在。所以在這種情況下，這兩種理論中一定有一個會崩盤。如果我們知道黑洞中真正發生了什麼，那將會得到結合量子力學和重力論的重要提示。不幸的是，在目前一想到要訪問黑洞、倖存下來、進行實驗、逃離無法避免的重力場，最後再返回地球，就令人望而生懼。

黑洞是最糟糕的渡假勝地

★只有這樣嗎？★

即使不能用黑洞來發現重力子，我們仍然可以從黑洞的死亡螺旋裡學到東西，因為它們可以產生重力波。

重力波是加速質量所造成的時空波動。這類似於，你把手放進充滿水的浴缸來回移動時會發生的事。你的手會把水中波紋，從浴缸的一端發送到另一端。當大質量物體在時空中移動時，也會發生同樣的事。移動的質量使時空彎曲，因而產生擾動，而擾動可以像波一樣傳播。

很酷的是，當重力波經過時，沿路的一切物體都受到伸展和扭曲。圓形將會短暫變成橢圓形，正方形將成為長方形。聽起來很酷，對吧？在你停止閱讀，檢驗這本書是否正在改變形狀前，你可能想知道，重力波造成的時空扭曲只有 10^{-20} 倍。這意思是，如果你有一根 10^{20} 毫米長（10光年）的棒子，重力波會把它縮短一毫米。這是難以測量的效應。

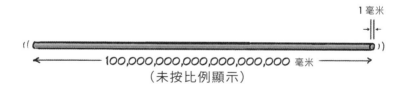

1毫米

100,000,000,000,000,000,000 毫米
（未按比例顯示）

但科學家很聰明又有耐心。他們構建了一個名為LIGO（雷射干涉重力波天文臺）的實驗。LIGO有兩個四公里長的隧道，彼此成直角，並用雷射來測量隧道兩端距離的變化。重力波通過時，它沿一個方向伸展空間，並沿另一個方向擠壓空間。通過測量雷射光在兩個端點之間反射的干涉，物理學家可以非常精準的測量兩者間的空間，是否受到伸展或壓縮。

LIGO 實驗　　　　樂高實驗

測量重力波　　　衡量父母願意花
　　　　　　　　多少錢買小塑膠塊

　　2016 年，在耗費了 6.2 億美元和經過數十年的觀察後，科學家終於發現了第一個重力波。這個結果漂亮的證實了愛因斯坦描繪的圖像：重力使空間彎曲。不幸的是，它並沒有讓我們進一步了解重力的量子圖像，因為重力波與重力子不一樣。這就像證明光的存在，並不代表光是由光子組成的那樣。無論如何，這是一個「重量級」的發現，應該受到極「重力」的對待。

★也許重力是獨一無二的★

　　那麼對於重力的奧祕有什麼解釋存在呢？為什麼重力這麼微弱？為什麼其他作用力的模式和理論皆不適用於重力？

　　也許重力是特別的。並沒有任何規定要求，重力必須類似其他基本力；也沒有說一定有單一理論來支配所有基本力。我們要牢記在心，對於宇宙大部分的基本真理，我們仍蒙昧無知。我們在多數情況下做的假設，很可能全盤皆錯，或只在某些特殊條件下才能成立。重力很可能完全不同於我們曾見過的任何東西，但又可能跟我們見過的東西都相同。請記住，我們的目標是了解宇宙，我們應該避免做出太多假設。

我是獨一無二的。

　　如果事實證明，重力是特殊的，並且有別於其他基本作用力，這有可能是有助於我們看清全貌的線索。這可能表示，重力是更深刻的東西，根深柢固在宇宙結構裡。有時我們從特例中學到的，比從常規中得到的更多。而且，我們不缺少令人興奮的想法來解釋這些奧祕。

　　對於重力為什麼這麼微弱，有一個讓人驚奇的解釋是「額外維度」，也就是空間中的維度比你現在所認知的更多。物理學家提出，重力這麼微弱，是因為強度受其他維度稀釋，而其他維度是來自我們看不到的小迴圈。如果把這些額外維度考慮進來，重力就可以與其他作用力並駕齊驅。我們將在第九章〈到底有多少維度存在？〉中闡述這個想法。

　　雖然我們提到，在嘗試合併量子力學和廣義相對論，以及檢測重力子上，遇到了許多困難；但這並不表示物理學家已放棄尋找統一理論的計畫。這個統一理論將可以完全解釋我們所知的宇宙基本力。我們距離用幾個簡單方程來預測一切的目標有多接近？我們將在第十六章〈萬有理論存在嗎？〉中探討。

★這可能表示什麼★

　　弄懂重力的奧祕，會對我們理解周遭世界產生重大的影響。請記住，重力基本上是唯一能在大規模尺度上運作的作用力，這代表

它是確定宇宙形狀和最終命運的主要力量之一。

　　重力是時空彎曲和扭曲的事實，也可能導致一些非常令人興奮的可能性。此時此刻，除了我們自己以外，我們絕對不可能拜訪另一個星系。因為我們與其他星系的距離實在太遠了！但是，如果能夠明白重力的奧祕，我們也許能夠更加了解如何彎曲及控制時空，或如何創造或操縱蟲洞。再進一步，我們甚至能夠折疊時空來穿越宇宙，這樣大膽的夢想將可能得以實現。而重力可能是讓美夢成真的重大關鍵。

　　誰說重力總是讓你腳踏實地呢？

物理學家是嚴苛的電影評論家

7

空間是什麼？

空間為何這麼占空間？

　　我們在這本書的前幾章討論了關於「東西」的奧祕：宇宙最小的組成元件是什麼？它們如何團結合作，一起建構宇宙？但是對於周遭實實在在東西的問題，即使我們掌握了答案，仍然有巨大的謎團混在背景裡。這個謎團就是背景本身：空間。

　　話說回來，空間究竟是什麼？

　　要求物理學家和哲學家定義「空間」，你很可能會陷入冗長、莫測高深而又無意義的詞彙堆疊中，譬如「時空本身的基本結構是量子熵概念的物理呈現，而量子熵概念是由位置的普遍性編織而成。」轉念一想，你也許應該避免開啟哲學家和物理學家之間的深刻對談。

　　空間只是無限的虛空，是用來容納萬物的基礎？還是空間是

東西之間的虛空？如果兩者皆非，那麼空間可以是晃動的有形實物，像裝滿水的浴缸那樣嗎？

事實證明，空間本身的特性是宇宙中最稀奇古怪的奧祕之一。所以準備好了，因為接下來談的東西，會讓人變得恍恍惚惚的。

★空間是個東西★

空間是什麼？就像許多深刻的問題一樣，這個問題一開始聽起來很簡單。但是，如果你挑戰自己的直覺，並重新審視這個問題，會發現很難找到明確的答案。

大多數人都想像，空間只是讓事情在裡面發生的虛空，就像是又大又空的倉庫或上演宇宙事件的舞臺。在這個見解中，空間只是缺少填充物。空間是坐著等待填補的虛空，譬如「我留了點空間給甜點」或「我找到了很棒的停車位」。

如果遵循這個概念，空間就是某種即使沒有物質填補，也可以自行存在的東西。舉例而言，如果假設物質在宇宙中的數量有限，你可以想像在太空旅行到很遠的地方時，抵達了某個特定點，而超過了

展示品A：空間

這個點，就沒有東西了，宇宙中所有事情都被你拋在身後[*1]。之後你將會面對純粹空的空間，超過這個點，空間可能會不斷延續到九霄雲外。在這種觀點下，空間是永無止境的虛空。

★這樣的東西能存在嗎？★

這個空間想像看似合理而且符合我們的經驗。但是我們從歷史上學到的教訓是，對於任何想當然明顯真實無誤的事情（例如，地球是平的，或吃很多女童軍餅乾對身體有益），我們都應該抱持懷疑的態度，退一步來仔細審查。不僅如此，我們應該考慮那些描述同樣經驗，卻給出徹底不同解釋的理論。也許其中有些是我們意料之外的理論；或其中有一脈相通的理論，而我們的宇宙經驗只是一個奇怪特例。有時困難點在於確定我們的假設，尤其是在這些假設看起來既直接又自然時。

在這種情況下，有些解釋聽起來還算合理。如果空間沒有物質就無法存在，那該怎麼辦？如果空間只不過是物質間的「關係」，又該怎麼辦？在這種看法下，你不能擁有純粹「空的空間」，因為一旦你超出了最後一個物質的所在，空間的概念就失去了意義。例如，如果沒有任何粒子，你就不能測量兩個粒子間的距離。當沒有

[*] 1 這要花很長的時間，所以這本書你最好買兩本帶著走。

更多的物質粒子能用來定義
「空間」時，空間的概念將會
結束。那麼在空間之外的是
什麼？那就是非空的空間。

展示品B：空間

　　這種思考空間的方式奇
怪又違反直覺，特別是我們
從未體驗過非空間的概念。
但奇怪從來不是物理學的絆
腳石，所以請保持開放心態。

★ 這地方是哪個空間？★

　　這些關於空間的想法，哪個是正確的？空間像是等待填補的無
限虛空嗎？還是只有在牽涉到物質時才存在？

　　事實證明，我們相當確定以上皆非。空間絕對不是空的虛空，
也絕對不僅僅是物質間的關係。我們知道這一點，是因為我們已經
看到空間做了許多事情，都與這些想法不符合。我們已經觀察到空
間可以彎曲、產生波紋以及擴張[*2]。

　　這時你的腦海可能響起「什麼！？」的吶喊。

　　如果你很仔細，那麼在閱讀到「空間彎曲」和「空間擴張」
時，應該感到有點困惑，這可能代表什麼？它要如何理解？如果空
間是一種概念，那麼它就不能彎曲或擴張，也不能切丁後和芫荽一
起爆香[*3]。如果空間是我們測量物體位置的量尺，那麼你如何測量
空間的彎曲或擴張？

　　這是好問題！空間彎曲的想法如此令人混淆，主要原因來自於
我們大多數人從小到大對空間的印象，空間是讓事情在裡面發生的

隱形背景。也許你會想像，空間就像我們之前提到的舞臺，有硬木條材質地板和四面堅固的牆壁。也許你會想像，在宇宙中沒有什麼東西可以讓舞臺彎曲，因為這個抽象框架不是宇宙的一部分，而是用來容納宇宙的東西。

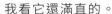

我看它還滿直的。

不幸的是，這就是你腦中想法出錯的地方。為了理解廣義相對論並且思考近代的空間概念，你必須放棄把空間當成抽象舞臺的概念，並接受空間是有形實物。你必須想像空間有特性和行為，並且它會對宇宙中的物質做出反應。你可以捏住空間、擠壓空間。是的！你甚至可以用芫荽來填充空間[4]。

讀到這裡，你腦海裡可能冒出長串的碎碎唸：「什麼鬼玩意兒！？」也許你甚至把這本書丟到牆上，並對它嗤之以鼻。這是完全可以理解的！一旦你撿起書來，請準備好與我們一起忍受即將到來的真正瘋狂。在我們讀完這章之後，你可能會累得不想再碎碎唸。但是，我們必須仔細解析這些概念，以了解其中的想法，並且欣賞空間真正奇怪和基本的未解奧祕。

---

*| 2　譯注：精確的說，我們觀察到的是「時空」彎曲、「時空」波紋以及「空間」擴張，而作者在本章只著重於「空間」維度的討論。

*| 3　除了加州。在加州，人們可以用芫荽做任何東西。

*| 4　敬請期待我們的下一本書：《與物理學家一起烹飪》。

★空間凝膠，你正優游其中★

空間怎麼會是有形實物，還可以有波紋、被彎曲？這究竟是什麼意思？

這表示，空間不像是空房間（非常大的房間），空間更像是又大又厚的凝膠。通常東西可以輕易的在凝膠裡移動，就像我們可以在充滿空氣的房間中移動，而沒有注意到空氣粒子的存在。但是在某些情況

展示品 C：空間

下，凝膠能彎曲，因此改變了東西在凝膠裡的移動方式。凝膠也可以擠壓和傳遞波紋，這樣就會改變東西在凝膠裡的形狀。

這個凝膠我們稱為「空間凝膠」，雖然不是對空間本質的完美比喻，但它是可以幫助你了解的類比[5]。想像在這個時刻，你正座落的空間並不一定是固定和抽象的。相反的，你正坐在一個具體的「東西」上，那個東西可能用你感覺不到的方式來伸展、搖擺或扭曲。

也許空間的波紋剛剛經過你。或許此時此刻，我們正往奇怪的方向伸展，而我們渾然不知。事實上，我們直到最近才注意到，空間凝膠絕非僅僅坐著而已。這就是為什麼我們會混淆了空間凝膠與虛空。

那麼空間凝膠可以做什麼？原來，空間可以做很多令人匪夷所思的事。

首先，空間可以擴張。讓我們仔細思考一下空間擴張的意義。它的意思是，東西不需實際在凝膠中移動，就可以相距愈來愈

遠。在我們的類比中，想像你正坐在凝膠裡，突然間凝膠開始擴張，這時如果你和另一個人面對面坐著，那麼這個人應該開始離你愈來愈遠，但是你們都沒有在凝膠裡移動。

我覺得我們的
距離愈來愈遠了。

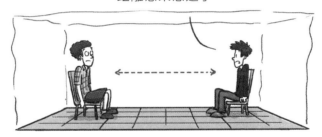

空間擴張

我們怎麼知道凝膠擴張了？難道我們用來測量凝膠大小的量尺不會擴張嗎？量尺裡原子間的空間確實也會擴張，甚至會把原子撕碎。而且，如果量尺是用超柔軟的太妃糖製成的，那麼它也會擴張。但是，如果你使用堅固的量尺，它的所有原子會彼此緊緊相擁（用電磁力），量尺將保持相同長度，讓你察覺到擴張出的空間。

---

* 5　凝膠並不是完美的比喻。因為凝膠是存在於空間內的東西。雖然空間有類似凝膠的性質，但是我們並不知道空間是否在其他東西裡面。

　　我們知道空間可以擴張，因為我們就是看到空間正在擴張，才發現了暗能量。我們知道空間在宇宙初期，用令人震驚的速度擴張和伸展，而類似的擴張持續至今。請參閱第十四章〈大霹靂時發生了什麼事？〉的大霹靂（這個大爆炸炸開了早期宇宙）和第三章〈暗能量是什麼？〉的暗能量（目前正使宇宙中的一切互相遠離）。

測量空間擴張

　　我們還知道空間可以彎曲。我們的凝膠可以像太妃糖一樣擠壓和變形。我們知道這一點，是因為在愛因斯坦廣義相對論的理論中說：重力就是時空的彎曲。當某物有了質量，它就會使周圍的時空扭曲變形。

　　空間改變形狀時，東西不再像你一開始想像的那樣移動。棒球穿過一團彎曲的凝膠時，將不會直線移動，而是沿凝膠曲線移動。如果凝膠被像保齡球一樣笨重的東西嚴重扭曲，那麼棒球甚至

可以繞著保齡球轉圈子，就像月球繞著地球轉，或像地球繞著太陽公轉那樣。

空間彎曲是我們用肉眼就可以看到的現象！例如，光線在經過諸如太陽或巨大暗物質團之類的大質量物體時，行進的路徑會彎曲。假如重力只是物體與質量間的作用力，而不是空間的彎曲，那麼重力應該無法拉動沒有質量的光子。光線路徑會彎曲的唯一解釋，就是空間本身彎曲了。

愛因斯坦花式保齡球

最後，我們知道空間能傳遞波紋。鑑於我們知道空間可以伸展和彎曲，這現象不太牽強。但有趣的是，伸展和彎曲可以在我們的空間凝膠裡「傳播」，稱為重力波。如果你讓空間突然產生扭曲，則該扭曲會像聲波或液體中的波紋一樣向外輻射。這種行為只有在空間具有一定實質特性的情況下才能發生，若空間是抽象概念或純粹虛空，就不可能有這種現象了。

有兩個原因讓我們知道這種波紋行為真實存在：其一、廣義相對論預測了這些波紋；其二、我們實際上感覺到這些波紋。宇宙某

處有兩個巨大的黑洞受困在瘋狂自旋中，它們自旋時，在空間中引起了巨大扭曲並向外輻射波紋。我們已經在地球上用非常敏感的設備，偵測到這種空間波紋。

你可以把這些波紋看成空間伸展與壓縮的波動。實際上，當空間波紋經過時，空間在一個方向上收縮，並沿另一個方向擴張。

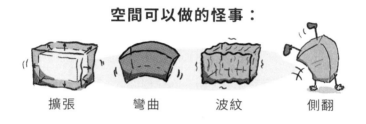

空間可以做的怪事：

擴張　　　彎曲　　　波紋　　　側翻

★這聽起來極度荒謬，你確定這是真的嗎？★

空間是真實的東西而不僅僅是純粹的虛空，這也許這聽起來很瘋狂，但這是我們的宇宙經驗告訴我們的。我們的實驗觀察結果清楚表明，物體在空間中的距離，並不是在隱形抽象背景下量到的，而是取決於空間凝膠的特性。這個空間凝膠就是我們所有人居住、吃餅乾和切芎薈的地方。

但是，把空間視為具有物理特性和行為的動態物體，雖然可以解釋像空間彎曲和伸展這樣的奇異現象，卻會導致更多問題。

例如，你可能會想，我們應該把之前所提到的空間改稱為物理凝膠，但是這個凝膠必須在某種東西裡，我們可以再把這種東西叫做空間。這聽起來很聰明，但據我們所知，這個凝膠不需要在任何其他東西裡。凝膠彎曲是內在的彎曲，它能改變部分空間之間的關係，而不像是大房間的凝膠因為受到房間的外力而彎曲那樣。

　　不過，空間不需要座落在其他東西之內，並不代表它沒有在其他東西之內。也許我們所說的空間，實際上位於一些更大的「超空間」之內[*6]。也許這個超空間就像無限虛空，只是我們不曉得而已。

　　有沒有這種可能，在宇宙某個角落裡，空間並不存在？換句話說，如果空間是凝膠，是否有可能空間的某部分不是凝膠？或空間的某部分缺少物理凝膠呢？這些概念的含義非常籠統，因為我們所有的物理定律都假定空間存在，至於對在空間之外有什麼定律可以運作，我們毫無頭緒。

　　其實空間是某種東西這如此新穎的想法，是最近才出現的，我們對於空間的了解正在初始階段。在許多方面，我們仍然受到直覺觀念的牽制。史前人類把這些直覺觀念用在狩獵和覓食史前芫荽中，但是我們需要打破這些概念的束縛，領悟到空間完全不同於我們過去想像的任何概念。

---

*| 6　可疑的是，超空間和空間，從未同時在同一個房間被看到過。

★直線思考彎曲空間★

　　如果你還沒有被黏呼呼的空間彎曲概念弄得頭疼，這裡還有另一個空間之謎：空間是平坦或彎曲的[*7]？如果空間是彎曲的，它是怎樣彎曲的？

　　一旦你接受空間是可塑的概念，就很容易會問出這些近乎瘋狂的問題。如果空間可以在有質量的物體周圍彎曲，那麼空間可以有整體曲率嗎？就好像問我們的凝膠是否平坦，你知道如果在凝膠上任何一點碰一下，它可以擺動和變形，但是它會下垂嗎？還是坐得直挺挺呢？這些都是你可能提出的空間問題。

空間是　　直挺的？　　下垂的？　　溼軟的？

　　這些有關空間問題的答案，將會對我們的宇宙觀產生巨大影響。例如，如果空間是平坦的，這表示當你永遠朝同一個方向移動時，你只能繼續前進，直到天涯海角。

　　但如果空間是彎曲的，其他有趣的事可能會發生。如果空間有整體正曲率，當你往一個方向跑時，實際上可能在繞了一圈後，從相反方向回到同一點！這個資訊相當有用，例如在你不喜歡人們偷偷從背後嚇你時。

　　空間彎曲十分難以理解，因為我們的大腦根本沒有準備好如何具體化這樣的概念。為什麼會這樣？我們大多數的日常經驗（如躲

宇宙裡最耗時的惡作劇

避掠奪者或尋找鑰匙），似乎都是和三維世界打交道（或許如果我們曾受到可以操縱空間曲率的外星人攻擊，那麼我們當然也希望自己也能盡快搞清楚如何控制空間曲率。）

　　空間有曲率代表什麼意思？具體來說，假設我們住在二維世界，就像是被困在方格紙上。也就是

說，我們只能朝兩個方向移動。現在，如果這張方格紙平平的擺在那裡，我們會說空間是平坦的。

　　但是，如果由於某種原因造成紙張彎曲，那麼我們會說空間是彎曲的。

正曲率　　　　　　　負曲率

　　方格紙可以有兩種彎曲方式。它可以朝單一方向彎曲（稱為「正曲率」），或者可以在不同方向彎曲，如馬鞍或「品客」洋芋片

---

*| **7**　譯注：「空間的平坦」是在宇宙大尺度下的問題討論。

（這稱為「負曲率」或「暫停節食」）。

　　很酷的是，如果我們發現空間處處平坦，那就表示這張方格紙（空間）可能會無限延續下去。但是，如果我們發現空間正曲率無所不在，那麼只有一個形狀能達到這個條件，也就是「球體」或更專業的說「橢圓體」（即馬鈴薯形狀）。這是我們的宇宙可以形成迴圈的一種方式。我們可能都生活在相當於馬鈴薯形狀的三維空間，這就是說，無論你往哪個方向出發，你都會回到同一點。

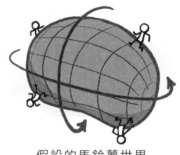

假設的馬鈴薯世界

　　我們的空間到底是平坦的，還是有整體曲率的？其實在這種情況下，我們確實有答案：我們的空間似乎「相當平坦」。科學家經由兩種截然不同的方法，計算出（至少是我們能觀察到的空間中），空間曲率幾乎為零。

　　這兩種方法是什麼？其中一個方法是三角測量。有一個關於曲率的有趣事實，三角形在曲面空間中或平面空間中，有不同的三角規則。回想一下我們的紙張類比，繪製在平面上的三角形，看起來會與繪製在曲面上的三角形不一樣。

　　科學家透過查看早期宇宙的圖片（請回想第三章〈暗能量是什麼？〉的宇宙微波背景），和研究該圖片上不同點之間的空間關係，已經完成相當於在三維宇宙中繪製三角形的工作。他們發

三角形在……

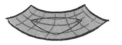

平坦空間裡　　　　正曲率空間裡　　　　負曲率空間裡

現，測量到的三角形能對應到平坦空間的三角形。

　　另一個讓我們知道空間是否平坦的方法，是觀察造成空間彎曲的東西：宇宙中的能量。根據廣義相對論，在宇宙中有一定的能量（實際上是能量密度），會導致空間往一個方向或朝另一個方向彎曲。事實證明，我們在宇宙中能夠測量到的能量密度，正好使我們看到的空間完全不彎曲（在0.4%的誤差範圍內）。

　　對於我們並不是生活在很酷的馬鈴薯型三維宇宙中，因此無法讓你在同個方向上一直繞圈子，也許有些人會很失望。當然，誰沒想過要像埃維爾・克尼弗[*8]一樣，騎著火箭摩托車在宇宙中打轉？但是，你不該為我們生活在無聊的平坦宇宙而大失所望，反倒該覺得有趣。為什麼呢？因為據我們所知，我們居住在平坦的宇宙，其實是巨大的宇宙巧合。

先不管空間曲率，
你這看起來像是壞主意。

天啊……

　　想想看，是宇宙中的所有質量和能量造成了空間曲率（記得嗎？質量和能量可以扭曲空間），如果質量和能量比現在多了一點，空間會往一個方向彎曲。如果質量和能量比現在少一點，空間會朝另一個方向彎曲。不過，對我們而言，我們似乎有恰到好處的質量與能量，使空間完全平坦。事實上，確切數量是每立方公尺空間有大約五個氫原子。如果我們每立方公尺空間有六個氫原子，或甚至四個，整個宇宙將會大相逕庭（也許多了點曲線或多了點性感，反正就是不同）。

　　更奇怪的是，由於空間曲率影響物質運動，物質又影響到空間曲率，因此兩者間有回饋效應。這說明了，如果在宇宙初期只要多那麼一點、或少那麼一點物質，我們就不能有正確的臨界密度使空間平坦，那麼空間就會離平坦更加遙遠。空間在今日相當平坦，這表示空間在宇宙初期必須極度平坦，否則就是還有別的東西讓空間保持平坦。

　　這是空間最大的奧祕之一。我們不僅不知道空間是什麼，還不明白空間為什麼會這樣。看來，我們在這個課題上的了解是一敗塗地。

★空間的形狀★

　　空間曲率不是我們對空間本質唯一的深刻問題。一旦你接受空間不是無限虛空，而是具有各種特性，而且也許是一個無量無邊的有形實物，你可以問各種千奇百怪的問題。例如，空間的大小是多少？空間的形狀是什麼？

　　空間的大小和形狀，告訴我們有多少空間存在，以及空間與自身的關聯。你可能會認為由於空間是平坦的，形狀不像馬鈴薯或

馬鞍（馬鞍上的馬鈴薯），討論空間大小和形狀之類的議題似乎沒有太大意義。畢竟，如果空間是平坦的，這表示空間必須永遠無限延續下去，對嗎？不盡然如此！

空間可以既平坦又無限，或是平坦但有邊界；或者可能更加奇怪，平坦且自己成環。

空間怎麼會有邊界呢？事實上，就算空間是平坦的，也沒有理由不能有邊界。例如，圓盤就是有平滑連續邊緣的二維平面。也許三維空間在邊緣處因為某些奇怪的幾何特性，而在某種程度上也有邊界。

這絕對不是
空間的形狀

更有趣的是，平坦空間可能會是平面的，而且依然形成無限迴圈。就如同電子遊戲（「爆破彗星」或「小精靈」），如果你跑出了螢幕邊緣，就會在螢幕另一邊再次出現。空間也許能以我們還沒有完全意識到的方式自我連接。例如，廣義相對論預言了蟲洞。在蟲洞裡，兩個不同空間點可以相互連接。空間的邊緣是否都以類似的方式連接？我們不知道。

★量子空間★

　　最後你可以問，空間是否像電視螢幕裡的像素那樣，是由微小離散的空間元件組成的，或者空間是無限平滑的，你可以在空間的兩點之間，找到無窮盡的位置？

　　古代科學家可能沒有想到，空氣是由微小的離散分子組成的。畢竟空氣似乎是連續的。空氣填滿任何體積，而且具備有趣的動態特性（如風和天氣）。現在我們知道，所有我們喜愛的空氣特性（譬如涼爽的夏日微風徐徐撫過臉頰；或空氣如何讓我們不會窒息），實際上是數十億個獨立空氣分子的行為組合，而不是個別分子的基本特性。

　　空間是平滑的似乎比較有道理。畢竟，我們在空間裡的移動，是用簡單連續的方式滑行的。我們不像電子遊戲裡的角色那樣，在螢幕上移動時用抖動的方式在像素間跳躍。

　　或者，我們其實一直跳躍移動，但卻不自知？

快跑！
圓餅圖來了！

　　鑑於我們目前對宇宙的理解，如果空間真的是無限平滑的，會更加令人驚訝。這是因為我們知道，空間以外其他一切都是量子化的。物質量子化、能量量子化、作用力量子化，甚至女童軍餅乾也量子化。更重要的是，量子物理學表明，可能有一個有意義的最小

距離，大小約為10^{-35}公尺 *⁹。因此從量子力學的角度來說，如果空間可以量子化，也很有道理。不過，再一次強調，我們真的毫無所悉。

不過，物理學家是不會停止想像所有瘋狂可能性的！如果空間真的量子化，那麼我們跨越空間時，實際上是從某個小地方跳到另一個小地方。在這種觀點中，空間是連接節點的網絡，有如地鐵系統中的車站。每個節點表示一個位置，而節點之間的連接代表這些位置之間的關係（也就是哪一站在哪一站的隔壁）。這不同於空間只是連接起物質的概念，因為這些空間節點即使是在虛空中，也仍然存在。

有趣的是，這些節點不需要座落在更大的空間或架構裡，而可以單獨存在。在這種情況下，我們說空間只是連接起節點的方式，而宇宙中的所有粒子只是空間特性的展現，並不是空間中的元素。例如，它們可能是這些節點的振動模式。

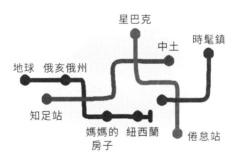

空間節點路線圖

---

*｜9　想不到這個長度竟不是捏造出來的，它是普朗克長度，是我們目前對有意義的最小距離
　　單位，所能做的最佳估計。詳見第十六章〈萬有理論存在嗎？〉。

　　這個概念其實沒有聽起來那麼牽強。目前的粒子理論是建立在充滿了所有空間的量子場上。場的概念是指，空間中的每個點都有相關聯的數值。在這種觀點下，粒子只是這些場的激發態。所以我們的想法與這些理論已經相差不遠了。

　　順便說一句，物理學家熱中追求的想法是：對我們來說，似乎很基本的東西（如空間）意外的來自於更深的層次。這給了物理學家一種在窺視了幕後，才能發現更深層次真相的感覺。有些人甚至懷疑空間節點之間的關係，是由粒子的量子纏結構成的，但這不過是理論學家在攝取過量咖啡因後，做出的數學推測。

★空間的奧祕★

　　讓我們把到目前為止，關於空間的主要未解奧祕做個總結：

- 空間是一種東西，不過，這東西究竟是什麼？
- 我們已知的空間涵蓋了所有空間嗎？還是我們的空間座落在更大的超空間中？
- 宇宙中是否存在沒有空間的部分？
- 為什麼空間是平坦的？
- 空間可以量子化嗎？
- 為什麼會計安娜不尊重他人的個人空間？

　　如果你已經閱讀到這裡，要嘛你已經深深的理解空間了，要嘛你已經把腦海裡的碎唸切成靜音。無論如何，我們應該毫不猶豫去探索空間中最瘋狂的概念（是的！讓我們變得更加瘋狂）。

　　如果空間是具有動態特性（如彎曲和波紋）的有形實物，而不

是背景或框架，而且甚至可能是由空間的量子元件構建而成，那麼我們不禁懷疑：空間還能做什麼？

也許空間像空氣一樣，有不同的狀態和物相。在極端條件下，空間也許可以用非常意想不到的方式組織起來，或者擁有像空氣一樣的奇怪特性，可以有液態、氣態或固態的形式。也許我們知道、喜愛並占有（有時比我們想要的更多）的空間，只是一種罕見的空間。宇宙中還有其他類型的空間，等待我們找出方法，來創造和操縱它們。

其他可能的空間型態

花空間　　　內空間　　　桌面空間　　　多重空間！

我們用來回答這個問題最有趣的工具，就是空間受質量和能量扭曲的事實。為了理解「空間是什麼？」以及「空間能做什麼？」最好的辦法就是走向極致，仔細觀察宇宙正在擠壓和扭曲的巨大質量，也就是「黑洞」。如果我們可以在黑洞附近探索，可能會看到支離破碎的空間，並引爆腦海裡的碎唸。

令人興奮的是，我們比以往任何時候，都更有能力探索空間的極端變形。以往，我們聽不到重力波波紋在宇宙中傳播，現在，我們有能力聆聽正在搖晃和擾動空間凝膠的宇宙事件。也許在不久的將來，我們將更加了解空間的確切性質，並徹底了解我們周圍的深刻問題。

所以別再恍惚了！在腦袋裡保存一些裝答案的空間吧。

8

時間是什麼？

我們在本章會學到時間未知的本質

我們已經看到，空間、質量和物質這樣的基本概念，其實比你想像的更神祕。那麼我們的世界還有哪個基本要素，有可能在眾目睽睽之下隱藏了它們的祕密？現在是時候讓我們提出這個及時的問題了：時間究竟是什麼？

如果你是訪問地球的外星人，試圖透過偷聽咖啡館和雜貨店裡的對話來學習我們的語言，你可能很難回答「時間是什麼」這個問題。人類花很多時間聊時間，但幾乎沒有時間討論時間究竟是什麼！

我們無時無刻都在檢查時間。我們談起壞的時光、好的時光、過去的年代以及瘋狂的年代。我們節省時間、把握時間、製造時間、花費時間、縮短時間或誤了時間。時間可以終了、可以暫

停、可以超過，或甚至可以停止。時間不會等待過客！有時我們說，時光飛逝，或說你的身體在不知不覺中留下了歲月的痕跡。甚至說，時間一點一滴的流逝。不過大多數的時候，我們只是感嘆用完了時間。

究竟，時間是什麼呢？時間會是有形的東西（如物質或空間）嗎？或者時間是我們立足於宇宙經驗上的抽象概念？

如果你希望物理學家對這深奧，又有點令人混淆的時間問題做出回答，現在還不是時候。時間仍然是物理學的巨大奧祕之一，時間問題甚至動搖物理學最根本的定義。所以讓我們花點時間，仔細研究這個亙古不變的話題。

太多「時間」雙關語了嗎？
給它點時間吧！

★時間到底是什麼★

在所有關於宇宙的問題裡，最有趣的是那些聽起來很簡單，但實際上很困難的問題，它們會讓你在埋頭苦思後，才意識到有些基本的東西就擺在眼前，而我們卻沒有明確的解釋。

這類問題產生一種可能性：我們可能把一切都想錯了，就像我們過去那樣（例如「地球是平的」或「嘿！讓我放些水蛭到你身上來治病！」）。在得到堅定且具體的答案後，可能會徹底改變我們對於宇宙，以及我們在宇宙何處的思考方式。翻盤的機率非常高！

我們要做的第一件事，就是嘗試定義時間是什麼。畢竟，這是

物理學家解決難題的步驟。首先，我們對你想要理解的東西，提出鉅細靡遺的定義；接著，我們用數學來描述定義，這允許你應用邏輯和實驗的力量來引領其他步驟。

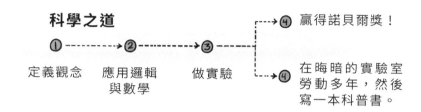

科學之道
① ----→ ② ----→ ③ ----→ ④ 贏得諾貝爾獎！

定義觀念　　應用邏輯　　做實驗　　④ 在晦暗的實驗室
　　　　　　與數學　　　　　　　　　　勞動多年，然後
　　　　　　　　　　　　　　　　　　寫一本科普書。

　　所以，時間是什麼？如果你今天在街上隨機街訪陌生人，並要求他們定義時間，你可能會得到如下的答案：

「時間是過去和現在之間的區別。」
「時間告訴我們事情在何時發生。」
「時間是時鐘測量的數值。」
「時間就是金錢，所以別煩我！」

　　以上所述，都是對時間合理的定義，但是這些答案反而產生層出不窮的問題。例如，你可以問：「為什麼從一開始就有『過去』和『現在』的存在？」或「究竟『何時』是什麼意思？」還有「時鐘不是受時間支配嗎？」或「誰有時間管這些問題？」

　　如果我們不能描述時間，似乎很難在時間問題上取得進展。但不需要因此而驚慌。雖然「時間是什麼」聽起來像是五歲小孩會問的問題[1]，但無法定義或精確描述我們非常熟悉的東西，這種狀況

---

*| 1　物理學家是永遠長不大的五歲小孩。

我們也不是第一次遇到，在其他領域也曾發生：過去數十年來，生物學家一直在爭論「生命」的定義（殭屍權利組織是強大的遊說團體），神經科學家對「意識」有激烈爭議，而哥吉拉學家[*2]不能就「怪物」的定義達成一致協議。

時間的文學定義

那是最好的時代
也是最壞的時代

時間像是一大團
紊亂搖擺的毛線球[*3]

MC哈默時代

定義時間的部分難處在於，時間已經根植在我們的經驗和思考模式裡。時間是我們聯繫現在的「現在」與過去的「現在」的方法。我們現在正感覺到的所有一切，就是我們所說的「現在」，但「現在」轉瞬即逝，我們沒辦法把時間當做美味的巧克力蛋糕，細細品嘗或延續。我們經歷的每一刻，都會從現在的鮮活體驗瞬間，轉成過去的褪色記憶。

生命中不能承受之當下[*4]

但時間也有關未來。能夠將未來與過去和現在互相連結事關重大。如果你是希望在下個嚴冬生存下去的穴居人，或是需要地方為

智慧手機充電的現代人，那麼從過去推斷來思考未來，絕對是生存關鍵。所以很難想像，人類經驗若沒有時間概念會怎樣。

物理學家思考時間的方式也是如此。事實上，時間深嵌在物理學的基本定義裡！根據權威定義（維基百科），物理學只不過是「研究物質本身，以及物質在時空中的運動」。即使是「運動」這個詞也包含了時間概念。物理學的基本工作，就是用過去了解未來有什麼可能性，以及我們如何影響未來。沒了時間，物理學就沒有意義。

事實是，人類對時間的任何定義，都可能受我們的經驗扭曲。想一想，就算是思考時間也「需要」時間！外星物理學家可能有與我們相異的時間概念，因為他們的經驗和思維模式，與我們有天壤之別，以致於我們目前的主觀經驗，阻礙了我們真正理解時間的定義。

---

* 2　小朋友抱歉了，哥吉拉學家不是真正的工作。

* 3　譯注：引述自美國著名電視影集「超時空奇俠」（*Dr. Who*）的經典台詞。劇中人用此台詞來形容混亂的時間線。

* 4　譯注：改寫自捷克裔法國作家米蘭‧昆德拉 1984 年的小說《生命中不能承受之輕》。

★所以請告訴我們：時間是什麼？★

我們來談談雪貂。

為了進一步了解物理學家對時間的想法，讓我們考慮常見的情況。例如，假設你的寵物雪貂正計劃在你下班回家時，把水球丟在你頭上。這情況常常發生，是吧？

現在，別把時間想成流暢的經驗，而是把時間切成片段，並設想它就像電影一樣，是把許多靜態快照接在一起。

對物理學家來說，每張快照都描述了某個事件在每個時刻的狀態。所以，你可能有如下的快照系列：

1. 你無憂無慮吹著口哨，天真的走到家門前。
2. 雪貂將水球推到發射位置。
3. 你把鑰匙插進鑰匙孔。
4. 雪貂發射水球。
5. 你成了落湯雞。
6. 雪貂捧腹大笑。

每張快照都是對局部狀況的描述：在那個時刻，所有東西所處的位置以及正在做的事情。每張快照都是凍結、靜止、沒有變化的。如果我們沒有時間概念，宇宙將是這些凍結的快照之一，無法改變或運動。

幸運的是，我們的宇宙沒那麼無趣：這些快照彼此不能單獨存在，時間將它們以兩種重要的方式聯繫在一起。

首先，時間把快照以特定序列鏈結。譬如，快照如果沒照順序排好，我們可能會感到不對勁。

其次，時間要求快照彼此因果相連。這表示宇宙中的每一刻，都取決於前一刻發生的事情。這不過是因果關係罷了。例如，你不能這一刻坐在沙發上吃冰淇淋，而下一刻就已經跑完半場馬拉松。

這正是物理定律的工作：物理定律告訴我們，宇宙可以怎麼變，或不可以怎麼變。從一張過去的快照，物理學能告訴我們在未來的快照中，哪些是比較可能的，哪些則是緣木求魚。而時間是這些推測的基本要求。由於任何一種變化或運動都需要時間，如果時間不存在，我們必須想像一個靜態的宇宙。

在永恆的宇宙中，
你永遠不曉得接下來會發生什麼。

　　那麼，要如何將快照論述連接到我們的平滑時間經驗？好吧！我們可以把這些快照拼接在一起，把快照之間的時間間隔縮得愈小愈好[*5]，使它像我們喜歡的電影一樣順暢且連續。

　　這正是為了物理而發明的數學語言「微積分」的作用。微積分把許多微小切片，轉換成平滑變化。你看電影時，由於時間間隔非常小，你沒有注意到電影實際上是一系列的凍結影像。以同樣的方式，我們可以用一組有序且由物理學相互關聯的靜態快照，來描述充滿變化和運動的宇宙。時間是這些快照的排序和間距。

時間＝剪貼簿

★我還是有點困惑！★

　　你不是第一個覺得時間的這些定義有些模糊，並感到不滿意的人。物理學家、哲學家和五歲小孩，已經對「時間到底是什麼」這個問題爭論了數個世紀。到目前為止，還沒有統一的詞彙來描述時間[*6]。如果你打開任何物理教科書，甚至很少有人會試圖處理這個問題。這是時間的中心奧祕之一：時間沒有一個可說服人的確切定義。時間是如此根深柢固於我們的世界觀，以及理解這個世界的工具中，我們能做的，最多就是概略的解釋，或是用像「微積分」和「雪貂」這樣花俏的字眼，來分散你的注意力。

　　為了理解我們在宇宙中的位置，我們所有的裝備必須假設時間

是連續的，而且大部分情況下，這個假設是對的[7]。但是，即使如此，我們還是可以對時間的模糊概念，提出很多問題。例如，為什麼我們需要時間？為什麼時間「似乎只」向前移動？真的是這樣嗎？事實上，時間為什麼「只」向前移動？有人說，時間只是時空的一部分，但為什麼時間與空間如此不同？我們可以及時回到2001年去購買谷歌股票嗎？

現在是更深入探討時間的時候了。

我們也許無法定義時間，
但是我很確定正感覺到它。

★時間是第四個維度（嗎？）★

你可能已經注意到，我們可以把時間當成漫長的連續體，並在裡面旅行，這個想法十分神似於宇宙的另一個基本部分：空間。

把時間旅程切割成靜態快拍的邏輯，也可以應用到我們在空間裡的運動。因此我們考慮到時間和空間密切相關的可能性。

確實，近代物理學告訴我們：時間和空間如出一轍。在許多方面，把時間看成另一個可以移動的方向，是完全正確的。讓我們思

---

* 5 盡量啦。因為測不準原理也適用於時間，所以時間有些基本的模糊性。
* 6 持平而論，大概也沒有普世同意的字眼來描述任何事情。
* 7 至少對於我們所熟悉那5%的宇宙。

考一下這個想法：如同往常，如果你把宇宙簡化，就能更容易思考。想像一下，你居住在只能朝一個方向移動的空間，而不是我們熟悉的三維空間。

現在，想像一下你的一維寵物雪貂在某日的生活。牠早上醒來有很多工作要做（那些水球笑話是不會自行規劃和組織的）！讓我們想像一下，牠會在你回來之前多次來回氣球店。

劇情顯示，雪貂整天沿著這一維度移動。但是你也可以用稱為時空的二維平面來思考雪貂的路徑。事實上，在物理學中，如果把時間視為第四維度，則運動的數學會更簡單扼要（假設我們只有三個空間維度，有關其他維度的可能性，請參見第九章〈到底有多少維度存在？〉。）

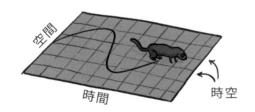

連接兩個不同的概念，並意識到它們是更大架構的一部分，總是令人非常滿意。這通常是獲得深刻理解的第一步。就像你意識到巧克力和花生醬加在一起，味道很好一樣，它們一定是深刻的宇宙巧克力花生連續體的一部分。

但不要太激動。空間與時間的聯繫並不代表你可以把時間看成空間的一個維度，並把空間所有的特性應用到時間上。時間與空間

有許多不同點，這些不同點除了是時間剩下的基本奧祕之外，我們還希望它能提供更深入理解時空的線索。目前為止，我們才剛了解提問的竅門。

★第一問：時間與空間有什麼不同（為什麼）？★

把時間和空間連結起來很有幫助，因為我們能看到它們的相似之處，同時也凸顯出它們的不同點。相較之下，你與時間的關係，比你與空間的關係更為不同。

首先，你可以隨你喜好，自由的在空間中移動。你可以繞圈子，或向後走回曾經去過的地方。你也可以用喜歡的速度在空間中移動，無論是快是慢，或者你可以絲毫不動的坐在同個地方一段時間。但時間不同，對於時間你沒有這樣的自由。

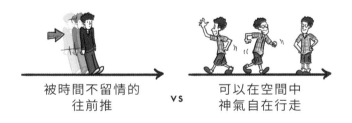

被時間不留情的　　vs　　可以在空間中
　往前推　　　　　　　　神氣自在行走

你以穩定的步伐（精確的每秒行進一秒）在時間軸上移動[8]。你不能回溯或在時間上循環。你不能突然決定在時間上後退，並與你之前的時間處在不同空間上。即使你可以在不同時間處於空間中相同的位置，但是你不能同時處於空間中不同的位置。

同樣奇怪的是，東西有固定位置是很稀鬆平常的想法（在空

---

[8] 如果你在黑洞附近或高速移動，你的時間可以跑得比其他人慢一點或快一點，但每秒鐘你仍然經歷一秒鐘。

間中有個位置），但是有個固定時間的想法，卻是荒謬絕倫的。這是因為時間像波前一樣行進。一旦這個時刻結束，它就永遠消失了（就像櫃檯上的女童軍餅乾）。相形之下，你在空間中的位置是可變和不受約束的。在你一生中，空間中有很多地方你永遠不會造訪，有些地方你會多次訪問。但是，從你出生到死亡，你只能往一個時間方向前進。除非你的生活故事非常特別（如生活在漫遊於星系間的殖民船上），你的時間之旅與你的空間之旅會有很大的差異。

你的生命旅程

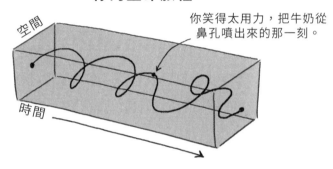

你笑得太用力，把牛奶從
鼻孔噴出來的那一刻。

空間

時間

雖然在我們的理論中，把時間考慮成另一個維度在數學上相當方便，但要牢牢記住的是，時間與其他各維度有顯著差異，它是獨一無二的。時間與空間以不同方式運作，因為時間不是一組互連的位置。相反的，我們認為時間是因果相連的宇宙靜態快照組，這對我們可以（或不可以）怎麼利用時間，產生巨大的後果。

★第二問：我們可以讓時光倒流嗎？★

這本書讓你學到，我們應該要懷疑有什麼事是不可能的。畢竟，也許我們現在認為不可能的事，有可能在我們更了解宇宙之後

變成可能。許多以往看似不可能的事，現在已經很普遍了，就像用巴掌大的手機來探索大部分的人類知識和瑣事一樣[9]。

但是，近代物理學明確表示：時間旅行是不可能的。任何可以回到過去的情況，很快就會導致弔詭。這些弔詭違背了宇宙運作的深層基本假設。

在一些科幻故事中，外星人或先進的人類能夠將時間視為空間維度，並在其中來回移動；這允許他們在時間中穿梭旅行，就像你我在走廊上行走一樣。雖然這些故事讀起來非常有趣又享受，但從物理學的角度來看，這些故事有嚴重的問題[10]。

首先，時間倒流會打破因果關係。如果你想讓宇宙合情合理，那就要嚴肅看待因果關係。如果你不介意結果發生在原因之前（譬如，你的信用卡在購買這本書之前就已經付款了；或你的雪貂在早餐準備好之前，就已經把它吃完了），那麼你的思想比我們還要開放。

沒有因果關係一切都會變得荒唐至極。例如，如果你的雪貂厭倦了在你回家時丟水球，因為你已提高警覺，早有預料。那麼牠們很可能建造時光機器，回到2005年你擁有雪貂之前，那時你仍天

---

*| 9　仍然不可能的事情是，在你真正需要時，受到好的招待。
*| 10　物理學從遠古以來就在毀滅樂趣。

真且容易吃驚。如果牠們成功潑了你滿身溼，可能會產生意想不到的後果。你如果一開始時還無法決定要不要養雪貂，這個教訓是否有助於你做決定？如果你那時決定不養雪貂，那麼雪貂後來就不會設計你淋溼，也不會因為無聊，建立出時光機器！這一次，沒了2005年的滿身溼，於是你決定養雪貂。如此你會陷入雪貂矛盾的永恆循環。這寓言故事有助於你了解，時間旅行是不可能的，因為它違反了因果關係，你應該在決定要養雪貂前三思而後行。這就是聞名天下的雪貂弔詭[11]。

知名的動物弔詭

雪貂弔詭　　　雙鴨弔詭　　　梨狗弔詭　　　鸚鵡公牛弔詭

　　更要緊的是，請仔細思考趣味科幻故事背後的涵義。外星人正在通過這個虛構時空，但要記住「通過」代表時間。這些外星人在時空中從某個位置出發，之後他們來到了另一個位置。「之後」是什麼意思？好心的科幻作家已經把線性時間概念，重新安插到他們的宇宙時空之上。我們學到的是，要想出時間像是空間而且前後一致的宇宙（即使是虛構的），相當困難。

★第三問：為什麼時間向前走？★

　　既然我們不能回到過去，你可能會合理的問：「為什麼時間向前走？」

　　對我們來說，時間不向前走的概念是匪夷所思的。你不會期待

烤箱能把煮熟的食物變回原料，或杯子內的飲料在炎熱的日子裡形成冰塊，甚至女童軍餅乾也不會憑空出現。所有事情都以我們非常熟悉的方式隨時間前進，但如果你看到逆著時間走的情形，你可能會想自己是否是藥吃多了。

同樣的，你可以記住過去發生的事，但是你不能想起未來發生的事[12]。時間似乎有一個偏好的方向，我們不知道為什麼。

為什麼時間只向前走？這個基本問題長久以來深深困擾著物理學家。事實上，「時間向前」到底意味著什麼？在某些宇宙中，時間可能流向其他方向。他們的科學家可能會定義往「那個方向」向前。所以真正的問題應該是：「為什麼時間朝著它前進的方向移動？」

我們先來考慮，如果時間往其他方向走，宇宙是否能夠運作。物理學定律要求時間往單一方向流動嗎？想像你正在看某些宇宙影片，你能透過仔細檢查，來判斷影像是否正在向前或向後播放嗎？例如，假設你正在觀看一個球上下彈跳的影片，只要球完全彈跳（並且不會因為摩擦或空氣阻力失去任何能量），那麼這個影像無論是往前或往後播放，看起來都會一模一樣！在罐內反彈的氣體粒子或在河中流動的水分子也是如此。即使量子力學也能逆著時間運作[13]。事實上，幾乎每個物理定律在時間往前或往後都可以成立。

但這不是全部的故事。

---

* | 11 聞名天下是根據我們的定義。

* | 12 如果你能記得未來的事，請打電話給我們，我們有些問題想請教你。

* | 13 除了波函數的崩陷之外，有些人認為它是不可逆的、有些人則認為是失去同調性，而其他人只是為了辯論而辯論。

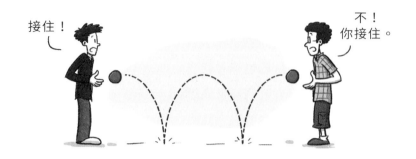

　　完全彈跳球的例子是不現實的，因為它忽略了球在地面上的摩擦力、空氣阻力以及諸多其他讓球的能量耗散成熱量的方式。經過幾次彈跳後，即使寵物雪貂最喜愛的超級彈力球也會停止彈跳，最終穩定在地面上。球的所有能量將轉化成熱，傳至空氣分子、球分子或地面分子。

　　想像一下，倒著播放的彈跳球影像會變得多麼奇怪，坐在地上的球會突然開始彈跳起來，而且愈彈愈高。能量流將看起來更奇怪：空氣、球和地面會冷卻下來，失去的熱將轉化為球的動能。

　　在這個例子中，你可以肯定指出時間向前和向後的區別。烹飪食物、融化冰塊和吃餅乾等也都相同。但是，如果物理學的大部分定律都能反向工作，特別是熱和擴散等微觀物理，為什麼宏觀過程似乎只在一個時間方向發生？原因是系統中的無序量，也就是熵，非常強烈傾向於單一時間方向。

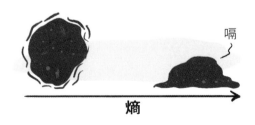

熵總是隨時間增加。這稱為熱力學第二定律。熵視為某些事物中的無序量。你忘記餵食雪貂時，雪貂會毀壞客廳，撞翻整疊有完整簽名的這本書，雪貂透過增加亂度來提高客廳的熵。

如果你回家重新整理客廳，可以減少客廳的熵，但是這樣做需要相當程度的能量，你把能量釋放成熱、沮喪和低聲咒罵著要如何告訴室友說：「養雪貂是個壞主意。」在整理客廳時，你釋放的能量將保持總熵的增加。每當你產生任何局部秩序，例如：堆疊書籍、在方格紙上做標記，或打開空調時，你都會同時產生亂度這個副產品，且通常以熱的方式呈現。根據熱力學第二定律，平均而言，總熵沿順向時間減少是不可能發生的事。

（注意：這是機率描述。技術上來說，一群憤怒的雪貂有可能意外的組織一個完全有序的隊伍，從而減少了牠們的熵，但機率微乎其微。孤立事件可能發生，但平均熵總是增加。）

我會整理房間，但這將違背熱力學第二定律。

這會導致令人不寒而慄的後果：因為熵只會增加，在最終非常非常久遠的未來，宇宙將會達到最大亂度，這有個聽起來很酷的名字：「宇宙熱寂」。在這種狀態下，整個宇宙將處於相同溫度，這表示一切都將完全無序，沒有一丁點有用的有序結構（如人類）。在熱寂之前，我們仍然有空間可以創造局部秩序，只因為宇宙還沒

有達到最大亂度。

現在我們逆著時間回想。過去每個時刻，宇宙的熵比現在更少（更有秩序），一直回溯到大霹靂時。把大霹靂當成是搬家卡車和小孩來到新房子之前的那一刻。宇宙的初始狀態（當熵最低時）決定了宇宙從誕生到熱寂之間有多少時間。如果宇宙從一開始就已經有大量亂度，不需要太多時間就能達到熱寂。在我們自身的例子中，宇宙似乎始於非常有序的狀態，在達到最大熵之前給了我們很多時間。

為什麼宇宙從一開始是從高度有組織的低熵狀態中啟動？我們不知道，但是我們確實很幸運，因為宇宙在開始和結束之間，留下了很多時間來做有趣的事情，比如製造行星、人類和冰棒。

★熵是否幫助我們了解時間？★

熵是少數幾個關心時間如何流逝的物理定律之一。

影響熵的多數過程（例如影響氣體分子如何互相反彈的運動學定律），可以完美的逆著時間走。但大體來說，它們遵循一項定則：有序數量隨時間前進而遞減。所以時間和熵互相以某種方式連接起來。但到目前為止只有一個相關性：熵隨時間而增加。

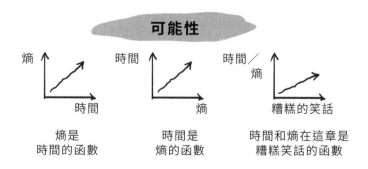

這是否代表熵導致時間只能向前流動，就像是山丘只讓水往下流那樣；或者熵是遵循時間的箭頭，像被捲入龍捲風的碎片？

即使你接受熵隨時間前進而增加，仍然不清楚為什麼時間只會向前進。例如，你可以想像一個時間向後的熵，熵隨負時間而減少，這將保持熵和時間的關係，而不會違反熱力學第二定律！

與其說熵洞察了時間的一切，不如說它是個線索。熵是我們關於時間如何運作的少數線索之一，所以值得注意。熵是理解時間方向的關鍵嗎？雖然很多人如此臆測，但我們還是毫無頭緒。不僅如此，我們能把這問題弄清楚的辦法也寥寥無幾。

★時間和粒子★

說到小粒子，它們對於時間的方向似乎通常是矛盾的。例如電子很樂意輻射光子或吸收光子。兩個夸克可以融合形成一個 Z 玻色子，或者一個 Z 玻色子可以衰變成兩個夸克。在大多數情況下，你無法透過觀察單一粒子的交互作用，來確定時間在我們宇宙中往哪個方向流動。但不是每種情況都這樣，有一種粒子的交互作用會隨時間流動的方向而變化。

負責核子衰變並由 W 和 Z 玻色子傳遞的弱核力，有一部分傾向於單一時間方向。箇中細節，對我們的理解不是很重要而且它的效應很小，但它是真實存在的。例如，當一對夸克透過強核力聚在一起時，有時可能存在兩種不同配置。這對夸克可以使用弱核力在這兩種配置之間來回切換，但是在某一方向上的切換，比另一方向上的切換，更花時間。所以這個過程的錄影，倒過來播放和往前播放會看起來不一樣。這與時間有什麼關係？我們不十分清楚，但看起來像是有用的線索。

★ 第四問：我們都感覺到相同的時間嗎？★

在二十世紀之前，科學認為時間是普適的：每個人和宇宙中的一切，都感覺到相同時間。那時的假設是，你如果在宇宙裡四處擺滿了一模一樣的時鐘，那麼每個時鐘在任何時刻都會顯示相同時間。畢竟，這就是我們在日常生活中遇到的情況。想像一下，如果每個人的鐘都以不同的速度奔跑，會是多麼混亂！

但後來，愛因斯坦的相對論把空間與時間結合成「時空」[14] 概念，改變了一切。愛因斯坦強調，移動中的時鐘運行速度較慢。如果你以接近光速行駛至附近的星星，那麼你體驗的時間，將遠遠少於在地球上的時間。這並不是說你覺得時間過得很慢，像是「駭客任務」中的慢動作鏡頭那樣，而是說地球上的人和時鐘測量到的時間，會比宇宙飛船上的時鐘量到的更長。我們都以同樣的方式（以每秒一秒的節奏）體驗時間，但是如果我們彼此以相對高速移動，我們的時鐘就不會同步。

在瑞士的某個地方，製錶師剛剛心臟病發作。

一模一樣的時鐘卻以不同速度運行，似乎違背了所有的邏輯論證，但宇宙就是這樣運行的。我們知道這是真的，因為我們已經在日常生活中見證了。你的手機（或汽車、飛機）上的GPS接收器，會假定繞地球跑的GPS衛星時間走得較慢（衛星以每小時數

千里的速度，在受地球巨大質量彎曲的空間中移動）。沒有這些資訊，你的GPS設備將無法從衛星傳輸的信號中，精確的同步和進行三角定位。關鍵是當宇宙遵循某個邏輯法則時，這些法則有時不見得如你所想。以這個案例來說，宇宙有個最高速限：光速。根據愛因斯坦的相對論，沒有任何東西、資訊甚至是外送披薩的旅行速率，可以比光跑得快。這個速率（每個時段所移動的距離）的絕對上限，會產生一些奇怪後果，並挑戰我們的時間概念。

　　首先，先確定我們了解這個速率限制是如何運作的。最重要的規則是：從任何角度來衡量任何人的速率時，這個速率限制都必須適用。我們說沒有什麼東西可以比光速還快時，無論你用什麼觀點來看，就是「沒有」。

　　所以我們來做個簡單的思考實驗。假設你坐在沙發上並打開手電筒。對你來說，手電筒的光線以光速遠離你。

　　不過，我們是否可以把你的沙發綁在火箭上，點燃火箭然後讓沙發以驚人的速度移動呢？如果此時你打開手電筒，會發生什麼事？如果把手電筒指向火箭前方，光線是否以光速再加上火箭的速率移動呢？

*｜ 14 愛因斯坦的天才並沒有展現在為事物命名上面。

光的速率
+
火箭的速率

　　我們將在第十章〈我們能以超光速移動嗎？〉花更多時間在這些想法上。但重要的是，為了讓所有觀察者（在火箭上的你和我們其他在地球上的人）看到，手電筒的光線都是以光速移動的，於是某些東西必須改變，這個東西就是「時間」。

　　為了幫助你理解這個概念，讓我們回到把時間當做時空第四維度的想法。這個想法有助於想像物體如何穿越時間和空間，而把宇宙速限應用在你的總速率上。如果你坐在地球上的沙發裡，你沒有穿越空間（相對於地球）的速率，所以你穿越時間的速率可以很高。

時間速率　　　　　　空間速率

最大速率

　　但如果你坐在火箭上，對地球而言，火箭的移動速度接近光速，那麼你穿越空間的速率是非常高的。因此，為了讓你穿越時空的總速率在相對於地球時，保持在宇宙速限之內，你的時間速率必須減少，在此所有的速率量測都使用地球上的時鐘。

時間速率

空間速率

最大速率

還讀得下去嗎？

對於不同人可以回報不同時間長度，你可能很難接受，但這是宇宙的運作方式。更奇怪的是，人們可能會在某些情況下，看到事件以不同順序發生，而且都是正確的。舉例來說，兩位誠實的觀察者，如果以非常不同的速度移動，他們會對誰贏得直線競速賽有不同的看法。

如果你的寵物美洲駝和雪貂進行賽跑，那麼，依據你的移動速度和相對於比賽場地的距離，你可以看到心愛的美洲駝或雪貂贏得比賽。每隻寵物都會有屬於自己事件的版本，如果你的祖母能夠以接近光速的速率移動，她看到的比賽結果可能完全不同。而且，所有人都是正確的！（不過要注意的是，每個人的時間起始點都不相同。）

這很奇怪耶！　　怪這個宇宙吧！

　　我們喜歡認為宇宙有絕對真實的歷史，所以不同人可以體驗不同的時間，是令人難以接受的想法。我們可以想像，原則上有人可以寫下宇宙至今發生的每一件事（這會是非常冗長的故事而且大半都超級無聊）。如果這故事存在，那麼每個人都可以根據自己的經驗來進行檢查，除非是無心之過或視力模糊，每個人讀的故事應該要一致。但愛因斯坦的相對論使得一切都是相對的，所以不同觀察者對於宇宙裡事件的先後順序，會有不同的描述。

　　最終我們必須放棄宇宙有絕對單一時鐘存在的想法。雖然因此我們有時會遇到違反直覺且看似荒謬的領域，但驚人的是，這種看待時間的方式已測試為真。與許多物理革命一樣，我們被迫拋棄自我的直覺，並遵循受時間主觀意識影響較小的數學之道。

★第五問：時間會停止嗎？★

　　打從一開始，人們就想排除時間會停止的概念。時間除了向前，我們從未見過它做過其他事，既然如此，時間怎麼可能還有別的選項呢？由於我們本來就不清楚為什麼時間要前進，所以很難自信的說，時間向前是永恆真理。

　　一些物理學家相信，時間的「箭頭」是根據熵必須增加的法則所決定。也就是說，時間的方向與熵增加的方向相同。但如果這是真的，當宇宙達到最大熵時會發生什麼事？在這樣的宇宙裡，一切都將處於平衡而且不能創造秩序。那麼，時間會在這一點停下來嗎？還是時間不再有意義？一些哲學家猜測，在這個時刻，時間的箭頭和熵增加的法則可能會逆轉過來，導致宇宙縮小到一個微小奇點。不過，這個說法比較像是深夜裡藥吃多了後激發的猜測，而不是實際的科學預測。

還有理論提出大霹靂創造了兩個宇宙，一個時間向前流逝，一個時間向後奔流。更瘋狂的理論則提出時間不只一個方向。為什麼不呢？我們可以在三個（或更多）空間方向中移動，為什麼不能有兩個或更多的時間方向？真相為何？如往常一樣，我們不知道。

★總結時間★

這些關於時間性質的問題十分深刻，它們的答案有潛力撼動近代物理學基礎。雖然問題規模大到讓人興奮的去思考琢磨，但也使問題難以解決。

你要如何處理時間問題呢？不同於這本書中的其他問題，我們無法從事明確的實驗來得到答案。我們不能停止時間來研究它，我們不能重複測量同一事件的時間。很少有科學家願意直接研究這個瘋狂課題。願意涉足這個危險領域的，大部分是名譽教授以及少數全心投入的年輕研究員。

對於這些問題，我們也許會透過正面迎擊來取得進展，或許我們會在處理不同問題時偶然洞察關鍵真理。究竟如何？只有交給時間來回答了。

9

到底有多少維度存在？

在這問題上，我們對新方向所知不多

為了深入了解宇宙的本質，我們有時得質疑基本假設，並重新審視長期存在的問題。例如你可能會問：

● 甘迺迪總統是遭外星人暗殺的嗎？

● 空間維度是否多於三個？

● 宇宙是由獨角獸驅動的嗎？

● 你可以在不增加體重的情況下，享用棉花糖套餐嗎？

在大多數情況下，你會得到的答案是「否」或是「請看精神科醫生」。但是，有時候問這些問題有可能開闢一種全新的思維方式，這些方式導致令人驚訝的領悟，進而對日常生活產生重大影響。

空間是黏稠的有形實物，而不是宇宙的空白背景，這個概念如果你現在才剛開始覺得可以接受，那麼請緊緊抓好心理保險桿，準備再進一步探索下一個問題：空間維度的數量。

除了我們熟悉的三個空間維度（上下、左右、前後）之外，還有更多維度嗎？在這些其他維度，是否存在能夠移動的粒子或生物呢？如果額外維度存在，會是什麼樣子？額外維度能夠當我們的鞋櫃，或隱藏我們肚子多出來的脂肪嗎？它能用來建立上班走的捷徑，甚至通往遙遠的恆星嗎？這些想法雖然聽起來很荒謬，但是大自然的真相對於荒謬毫不陌生。

像往常一樣，我們不知道答案是什麼。但有些撩人的理論認為額外維度可能是真實的。就讓我們戴上多維度眼鏡，一起來探索我們神祕宇宙潛在隱藏的一面（或多面）。

基本維度

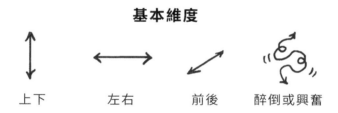

| 上下 | 左右 | 前後 | 醉倒或興奮 |

★什麼是維度？★

我們先來確定維度（dimension，也譯成次元）的定義。在流行書籍和電影中「次元」一詞通常用來表示平行宇宙，在那個與世隔絕的世界裡，有不同的自然法則，人們可以獲得超能力或遇到在夜晚發光的陌生人。有時你甚至可以開啟一扇「通往其他次元的門」，並透過它穿梭在這些宇宙之間。這些故事非常有趣，平行宇宙甚至也可能存在。然而「維度」這個詞彙在科學上有迥然不同的含義。

同一個英文詞彙是如何在流行文化中有一個定義，但在科學中卻擁有另一個含義呢？大多數時候你可以怪到科學家頭上。

科學家需要詞彙來描述他們才剛發現或想像出來的新奇事物時，會採取三種方法。（一）：發明新詞彙（例如，「系外行星」是指太陽系外的行星）。（二）：嘗試再使用一個具有相似含義的詞彙（例如，使用「量子自旋」來描述微小粒子的物理，粒子並不真的在自旋，但是擁有類似於物理自旋的數學特性）。（三）：借用既有名詞但賦予完全不同的意義（例如，不是很有魅力的「魅夸克」，或者沒有顏色而且似乎政治不正確的「色荷粒子」）。

當你知道「維度」在科學裡的含義並不是指另一個宇宙（在那個宇宙裡所有東西都是由巧克力製成的，而且債務是用棉花糖來支付），你可能會對那些討厭的科學家搖搖手指頭，因為他們偷了「維度」（次元）這個名詞，並給它下另一個定義。不過，在你感到尷尬之前，先把手指移開，因為科幻作家要對這個例子負起完全責任。數學家和科學家一直精確使用「維度」這個詞彙，而且已經使用了好幾個「世紀」。

「維度」在科學和數學上是指可能的運動方向。如果你畫了一條直線，那麼沿那條線的運動就是一維運動。

在一維世界中，所有東西都在無限細的線條上。因為沒有其他運動方向，一維科學家絕對不能插隊或交換位置。他們就像項鍊上的珠子或是竹籤上的棉花糖，總是受到詛咒而有同樣漂亮或甜蜜的鄰居。

科學家如何使用維度

現在，你沿第一條線的直角（九十度）方向畫第二條線。兩條線成直角，所以沿第二條線的運動完全獨立於沿第一條線的運動。如果兩條線的交角小於直角，則沿第二條線的運動也會產生沿第一條線的運動。兩條線構成的平面可以讓你在兩個維度上移動。

因此沿一條線的運動具有一個維度，而由兩條線規範的平面運動具有兩個維度。到目前為止，我們已經描述了一維世界（線）和二維世界（面）。要獲得第三個維度，你只需要畫另一條垂直於前兩條線的直線。在這種情況下，第三維度將指向平面的上方和下方。

這就是維度的定義。每個維度都是可以讓你在上面移動的獨特方向，每個方向的運動都獨立於其他方向的運動。

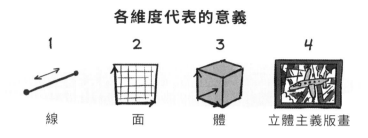

各維度代表的意義

1	2	3	4
線	面	體	立體主義版畫

★我們可以有超過三個的維度嗎？★

　　我們畫出的三維空間包含了我們熟悉的所有運動：上下、左右和前後。這個三維世界沒有適合第四條垂直線的容身之處，因此我們的世界似乎是非常牢固的三維，是吧！只不過，物理學家並沒有提出很好的理由，明確指出我們不能擁有超過三個維度的空間。在數學上四個維度和七個維度或甚至是 2,035 個維度並沒有太大不同。

　　讀到這裡你可能會想，別鬧了吧！如果空間超過三個維度，我老早就感覺到了！

　　但是你真的會感覺得到嗎？我們有能力分辨更多維度存在嗎？這是我們可以認真思考的問題。譬如說，如果物理世界有更多維度，但我們的大腦卻不能夠感知到它們呢？雖然你的頭腦堅定相信空間只有三個維度，但也可能就是因為這樣，我們才沒有注意到其實有更多維度存在。

　　想像一下，如果你是生活在平面上的二維物理學家，就像平面紙張上的所有文字和繪圖一樣，都困在二維平面上。你的認識和看法只限於平面上的東西，你不能「看」到頁面之外，所以無法判斷平面世界是否飄浮在三維世界中。以此類推，我們認知和喜愛的三

維世界，確實可能飄浮在更高維度的空間內。從頭到尾，在四維、五維或六維空間裡的物理學家，可能正看著我們並暗自嘲笑我們目光如豆，就像我們嘲笑困在螞蟻窩裡的螞蟻一樣。

　　但是為什麼我們不能看到或感覺到其他維度呢？表面上來看，這似乎相當奇怪且不公平，不過先來想一想你的感受是如何運作的。我們的大腦創造了我們腦中世界的三維模型，因為這已證明對我們在地球上生存十分有用。這並不表示我們能夠感受到環境的完整面貌。相反的，我們對於宇宙特徵是驚人的視而不見，雖然這些特徵與日常生活無關，但對於了解事實的基本本質非常重要。

　　例如，你對光線非常敏感，因為光線告訴你很多關於掠食者和棉花糖所在地的訊息。但是你不能感覺到或注意到暗物質的存在，即使暗物質環繞在你四周，而且握有關於宇宙如何運作的重要線索。另一個例子是，你不能感覺到微中子以每秒每平方公分 10^{11} 個的數量穿過你的皮膚，但如果你能發現微中子，你可能會學到很多關於太陽和粒子之間的交互作用。

　　對近代物理學家而言，我們每天都沐浴在相當有價值的資訊裡，但是我們的身體不能直接且自然的感知到這一切。這是因為，這些知識非常難以擷取，也有可能是在我們過去演化過程中，這些知識無益於我們生存在棉花糖遍布的熱帶草原裡。

　　所以對於「我們可以有三個以上的維度嗎？」這個問題，答案是肯定的。在數學上沒有理由只有三個維度存在。額外維度有可能

我沒有看到老虎啊！

我們的祖先　　　　　　沒有人的祖先

在我們沒有感覺到的狀況下存在，特別是它如果不像我們熟悉的三個維度中的任一個；更多詳情，稍後分曉。

★如何在四個維度裡思考★

相較於在我們喜愛的三個維度下移動，在額外維度裡移動會是什麼樣子？對於我們三維人類而言，在三維空間之外移動是很難想像的情況。為了幫助我們理解這可能會是什麼樣子，讓我們降低一個維度，並且假裝我們實際上是二維人類，卻突然發現自己在三維世界中移動。

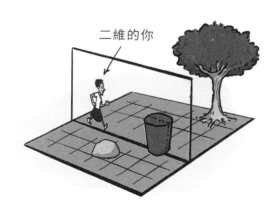

二維的你

如果你是三維世界中的二維人物，那麼你的二維身體仍然只能在三維世界中的二維「切片」或平面中思考和感受。一般而言，這將是你體驗的極限。但你如果獲得在另一個維度（第三個維度）上移動的力量，就可以在三維世界的不同切片間飄浮。你的二維意識和心理世界觀將無法感覺到你在新方向上的運動，但如果東西在每個切片上都有差異，那麼你會感覺到二維切片世界在你身邊的變化。如果你可以打破二維意識，擁抱三維空間概念（沒有引起太多二維偏頭痛），那麼你可以將所有切片拼湊在一起，於是突然間，更大世界的完整三維圖像就形成了。

現在，你可以用這個想法推斷出我們的情況。如果世界確實有第四個空間維度，我們以某種方式獲得了通過它的力量，你就可以觀察世界如何沿這個運動方向變化。在第四維度上移動，你可能會看到三維世界在你周圍變化。如果你運用智慧和想像力，可以將所有資訊納入單一的綜合四維心理模型。

在某種意義上你已經這樣做了。如果認定時間是運動的第四維度，則情況非常相似。你周圍的三維世界隨時間推移而變化。在你

第四維度

腦海中，你會連接許多不同的時間片段形成四維世界（三個空間維度加上一個時間維度圖像）。你不能同時感知所有四個維度，但你可以沿時間軸組織三維快照。

★額外的維度在哪裡？★

你可能會合理的問：「如果有除了時間之外的第四個空間維度，為什麼我們看不到？」

好吧，我們知道，它必然對我們的生存是無關緊要和無用的，所以我們才無法控制或察覺我們在額外維度上的運動。我們也知道，如果額外維度像是其他正常的線性維度，我們可能早就已經注意到了。即使我們只能感受到三個維度，如果有東西在另一個維度上走近或遠離我們，我們會注意到這個東西正在出現或消失。

所以我們可以相當確信，並沒有類似其他三個維度的第四個空間維度存在。如果有第四個維度，它必須以某種偷偷摸摸的方式存

在，所以我們很難看到它。一種可能性是，我們知道的所有力和物質粒子，根本無法通過這些額外的空間維度。這將防止物體在第四維度上滑動，並阻止能量（透過作用力粒子，如光子）分散到這些額外維度中。這些不可穿透的維度可以存在嗎？可以的，但如果任何已知粒子完全不可穿透額外維度，那麼我們幾乎沒有機會發現或探索它。

另一種可能性是，只有少數幾種粒子能夠穿透這些額外維度，這些難以研究的稀有粒子使額外維度更難被注意到。除此之外，這些維度可以透過些微的差異，在眾目睽睽之下隱藏起來。

是怎麼樣的差異呢？想像這些額外維度實際上是彎曲的小圓圈或迴圈。這是說，透過這些維度的運動，不會讓你走太遠。事實上在迴圈維度裡，你最終會回到起始點。

如果彎曲維度形成迴圈的想法對你來說是天方夜譚，你不用感到孤單，因為即使是最聰明的人，對此也難以接受。事實上，甚至可能所有空間維度都是迴圈。在我們熟悉的三個維度的情況下，迴圈必須非常非常大，遠遠大於目前觀察到的宇宙（在第七章〈空間是什麼？〉討論空間時，我們曾經詳細討論了這種可能性。）

迴圈維度

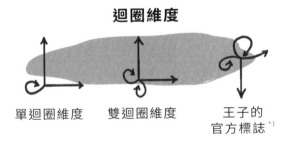

單迴圈維度　　雙迴圈維度　　王子的
　　　　　　　　　　　　　　官方標誌[1]

如果這些額外維度很小且形成迴圈，並只有幾種粒子可以在其中移動，就可以解釋為什麼我們沒有注意到額外維度。儘管我們有

辦法找到在這些小迴圈維度中移動的東西，但在我們可以察覺的三維空間中，它們看起來並不會有太大的變化。本章在後面會描述尋找這些東西的方法。

這些額外維度是否存在？我們其實活在一個超過三維空間的宇宙裡嗎？簡單的說，我們不知道答案。但是，物理學有切合實際的理由，來解釋宇宙為什麼可能具有三個以上的空間維度。更令人興奮的是，我們可能有辦法發現額外維度。繼續讀下去，就能了解我們如何解決這個問題，並且讓那些愚蠢的四維物理學家嚇一跳，他們還以為我們會永遠都搞不清楚狀況呢。

★額外維度是其他奧祕的答案嗎？★

物理學家認為其他維度可能存在，其中一個最大原因是，其他維度的存在將有助於回答，關於宇宙的許多深刻問題。也就是說，額外維度也許能解釋為什麼重力如此微弱。

如果我們比較重力強度與其他作用力，會發現重力不只是稍微弱，而是極荒謬的微弱。其他作用力（弱核力、強核力和電磁力）

---

* 1　譯注：王子（Prince），1980年代美國流行音樂代表人物之一，曾把名字改成這個無法發音的「愛的符號」。

雖然彼此之間或有差異，但與重力相比，都是肌肉緊繃、體態健美的超級英雄，而重力卻像是「奇蹟雙胞胎」裡的寵物猴[*2]。物理學家真的不喜歡看到這種分歧。物理學家喜歡對各式各樣的事情發表不同意見，不過在物理諧和上倒是有相同的共識。因此，關於重力的許多問題之一是，重力不尋常的微弱是否為其他東西存在，提供了蛛絲馬跡？

為什麼重力比電磁力和所有其他作用力弱這麼多？嗯！額外維度可能是個解釋。大多數的作用力隨距離加大而變得較弱。但是作用力強度隨距離減弱的速度，取決於空間維度的數量。維度愈多，作用力就可以稀釋到愈多不同的地方。

想想有人在聚會上放屁時的狀況。你如果非常接近源頭，就會覺得很臭。但是當你從兇手身旁退開時，臭氣分子（即屁味粒子或「屁子」）會擴散並稀釋到空氣中。

放屁的人會先聞到

現在，如果有人在狹窄的走廊上放臭屁，走廊裡的人都會感受到濃烈的味道[3]。但是在數個走廊交匯處放的屁，臭屁會往不同方向分散，走廊裡的人就不會聞到那麼濃烈的味道。稀釋率取決於氣體體積增加的速度，如果有更多的走廊，那麼稀釋率會更大。

在多維空間放屁，自己都聞不到

類似的狀況發生在作用力身上（不過沒有臭味）。假設除了現有的三個空間維度之外，還有兩個額外空間維度。那麼你從物體感覺到的力（重力或電磁力），除了擴展到我們的正常三個維度，還會擴展到其他維度。最後造成的結果是，作用力隨離開源頭而減弱的速度，會比在只有三個維度時還快。

有一點要注意，為了解釋為什麼我們迄今還未看到額外維度，額外維度必須形成迴圈並且尺寸要略小於一公分。而且，重力必須是唯一受到這些額外維度影響的作用力，也就是說其他作用力感覺不到額外維度。

---

*　2　譯注：「奇蹟雙胞胎」（*Wonder Twins*）是美國超級英雄電視動畫，主角是一對外星攣生兄妹。劇中有一隻寵物猴，可以用尾巴激化攣生兄妹的力量，同時也在攣生兄妹變身旅行時，身負遞送員的任務。

*　3　在一維世界沒有躲得過的屁。

那麼，如果有兩個額外迴圈維度存在，都小於一公分，而且只有重力可以在兩個額外維度裡傳播，究竟會發生什麼？對於相距不到一公分的物體，重力強度將會稀釋到額外維度裡，並迅速減弱。對於大於一公分的物體，額外維度不會起任何作用。這將解釋為什麼重力對我們來說如此微弱：重力在短距離時確實與其他作用力一樣強大，但一旦距離超過一公分，大部分的強度都已經稀釋到其他維度了。

額外維度對重力為何如此微弱的解釋

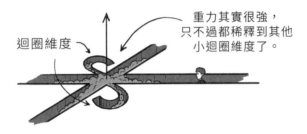

重力其實很強，
只不過都稀釋到其他
小迴圈維度了。

迴圈維度

重力真的像在走廊上的屁一樣受到稀釋嗎？我們並不確定。額外維度存在的可能性，及它在削弱重力方面的角色，仍然處在純理論階段。然而令人驚訝的是，我們有法子尋找這些額外維度。

★尋找新維度★

額外維度可能存在的想法聽起來很棒，因為這個想法提供了一個非常簡單的幾何理論，來解釋重力為什麼比其他作用力更弱。但現在，你必須思考這個理論是不是很容易檢驗，你要做的，就是測量在很小距離下的重力，如果重力比預期的強，就代表小迴圈維度存在。

不幸的是，重力量測看似簡單
但做起來難。畢竟，用磅秤測量體
重時就是在測量重力，但這是因為
我們習慣在很遠的距離上量測重力。
你踏上磅秤時，測量的是你和整個
地球之間的重力，而地球是相當巨
大的。

每個人都喜歡的比重計

　　然而，在小距離下測量重力是完全不同的挑戰。要測試兩物體
相距一公分時的重力，你必須讓它們的中心相距一公分，這代表物
體必須非常小，所以不能有很多質量。質量若太小，重力會小到幾
乎不可能量測（記住，重力很弱）。例如，如果讓兩個滾珠軸承相
隔一公分，那麼它們彼此感受到的重力會比一丁點灰塵的重量還小。

　　不過，要先跟你說明一下物理學家的個性，如果你宣稱有件事
情「幾乎不可能」，那只會惹火他們。再加上這個量測可能證明額
外維度的存在，會有一大堆非常聰明的人，大發雷霆的做出令人驚
嘆的測量設備。

　　過去幾年裡，物理學家盡心竭力的工作，測量出重力如何在一
公釐（毫米）的尺度隨距離變化。他們發現，在公釐尺度的距離
下，重力仍然像在大尺度下一樣運作。這並不代表額外維度不存
在。這只是說，如果額外維度存在，尺寸要小於一公釐。

　　這裡還要跟你分享物理學家的另一種個性（其實物理學家有很
多奇怪的個性，我們只點出兩個），在你做出實際量測來確認或否
認某個現象之前，理論家仍然可以自由的思索，是否要淘汰一個關
於事物運作的理論。物理只能在實驗達到的精確度下，確認事情的
真實性。因此我們現在唯一可以肯定的是，如果與我們有關的額外
維度存在，那麼額外維度的尺寸必須小於一公釐。

可能的額外維度
（實際尺寸）

★讓我們把東西炸裂★

　　測量重力是檢查額外維度的方法，但實際上，它並不是唯一方法。事實證明，我們也可以利用粒子對撞機的力量尋找額外維度。是的！這些價值數百億美元、長二十七公里的機器，不僅僅是尋找以希格斯命名的玻色子。

　　我們要如何使用粒子對撞機來檢測額外維度呢？嗯！想像你有一個微小粒子（例如電子）坐在你面前。也許你把粒子放在手心裡。這個粒子不僅坐在我們熟悉的三維空間中，也可能「同時」沿其他額外維度移動。請記住，這些其他維度是迴圈，所以粒子在我們的維度裡似乎不會走到其他地方，但它仍然會移動。這個額外運動會讓我們對粒子的看法帶來什麼影響？

　　好啦，粒子如果在額外維度上移動，代表粒子在這些其他維度上具有動量，也就是說它具有額外能量。但是由於粒子並沒有在「我們的」維度上移動，所以我們會把額外能量當成額外質量（記住，根據愛因斯坦的理論，質量和能量是相同的）。換句話說，你會因為一個粒子比過去更重，而注意到它是否在額外維度上移動。

　　這是我們用粒子對撞機來偵測額外維度的方法。如果我們讓粒子撞個粉碎，有一天我們看到一個看起來就像電子的粒子（相同電

荷、相同自旋，諸如此類），不過這個粒子比較重，但我們可以合理懷疑，它實際上就是電子，只是它同時也在其他維度運動罷了。

正常粒子　　　　　　在額外維度振動的粒子

　　事實上，額外維度如果真的存在，我們會合理期待找到所有已知粒子的精確複製本，這些複製粒子由於在額外維度上運動，所以會比本尊粒子更重。這個理論預測，我們會找到依據固定質量間隔而愈來愈重的相同粒子[*4]「塔」（稱為卡魯扎—克萊恩塔）。如果我們找到一組愈來愈重的粒子序列，那就是額外維度存在的鐵證。

卡魯扎—克萊恩塔

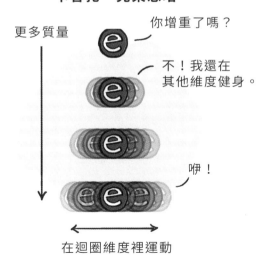

更多質量

你增重了嗎？

不！我還在其他維度健身。

咿！

在迴圈維度裡運動

---

*　4　緲子和陶子不是額外維度版的電子，因為它們不具有規則的質量間隔，並且不具有與電子相同的弱核力。

★額外維度還預測了什麼？★

如果額外維度存在，即使只是小迴圈維度，也會產生一些有趣的後果。如果物理學家是正確的，重力會這麼微弱就可以用重力稀釋到了其他維度來解釋，這意思就是，重力強度在小尺度下與其他作用力並駕齊驅。重力可能不是弱者，而是裝成手無縛雞之力的宇宙無敵世界第一超級英雄。

這代表製造黑洞可能比我們以往所想的還要容易一些。

正常情況下，你需要大量的質量和能量才能在小空間中形成黑洞。粒子，特別是具有相同電荷的物質（如質子），不喜歡彼此靠近。我們需要災難性事件（如恆星崩塌）才足以把粒子靠得夠近，並達到形成黑洞所需的臨界密度。但是，重力如果真的在極小距離上超級強大，那麼這種額外重力已經夠大，足以幫質子在更簡單的情況下形成黑洞，比方說，當質子在日內瓦的粒子對撞機內粉碎時。

沒錯！日內瓦的LHC（大型強子對撞機）可能會產生黑洞。如果額外維度的尺寸約為一公釐，則LHC可能每秒鐘形成一個黑洞。

但這不是很可怕的想法嗎？這些黑洞會不會成長卓壯，吞噬掉地球和我們所有的棉花糖呢？放心！答案是否定的。如果你有任何

懷疑，可以查看一個真實網站，查看世界是否已遭毀滅[*5]。作者保證網頁會永遠維持在更新狀態。

幸運的是，我們仍持續存在，因為LHC可能創造的小黑洞，規模與恆星崩塌形成的大型宇宙黑洞不同。這些可愛的小黑洞將迅速蒸發，而不會吞噬瑞士和地球的其他地方。另一個可以放心的原因是，亙古以來非常高能量的粒子早就不停的在轟炸、碰撞地球，所以，如果粒子碰撞會造成吞噬地球的黑洞，那災難老早就發生了，我們是根本不可能存在的。

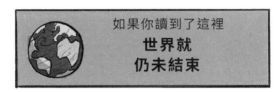

這本書也是黑洞偵測器

★弦論★

物理學家正在尋找方法，把所有基本作用力（重力、強核力、弱核力和電磁力），用單獨完備的理論來描述。在這個理論下，所有一切都是諧和的，所有問題都有答案。無論是否可行，這都是崇高的目標，物理學家已經取得了長足的進展，儘管人類離最終答案仍然相去甚遠。

然而在尋找方法的途中，一些有趣的候選理論出現了。弦論是其中之一，它提出宇宙不是由零維的點粒子構成的，而是由微小的一維弦所構成。弦的微小不是像迷你棉花糖般的微小，而是像

*| 5　http://hasthelargehadroncolliderdestroyedtheworldyet.com/

10^{-35}公尺那樣的微小。弦在這個理論下能以許多方式振動，並且每個振動模式都對應不同粒子。

所有的起司都是
一條條的「弦」起司。

當你從足夠遠的距離（辨別率只有10^{-20}公尺）觀察弦時，它們看起來像點粒子，因為你看不到粒子的真正弦本質。

弦論的一個特點是，如果你有額外空間維度，那麼描述弦論的數學就會更加簡單自然。弦論有不同的種類，每個都預測了在我們宇宙中不同數量的維度。超弦論傾向於在具有十個空間維度的宇宙中工作。玻色弦論喜歡有二十六維的宇宙。這二十二個額外維度在哪裡？我們是怎麼錯過了這些維度？這就像你以為家裡原本只有四個人，然後突然發現有二十二個藏在衣櫃裡的兄弟姐妹那樣。

我們需要更多起司。

弦論想要與我們的經驗不相悖，而用的方法和之前解釋重力為什麼這麼微弱一樣，弦論讓新的維度自行封閉成圈，而不是讓它們成為無限長的維度。

★總結新方向★

看起來，了解宇宙的基本幾何組織方式，似乎是理解我們周圍世界的入門功夫。我們會在發現宇宙意想不到的真相中，得到無與倫比的滿足感，尤其是當我們明白，宇宙實際運作方式與既有印象有相當大的差異時。難道你不想知道是否有更多空間存在？額外空間可是超越了你在日常生活中看到和體驗到的空間。

不過，尋找更多維度可能也具有實際價值。我們也許會發現，這些額外維度對某些東西是有幫助的。如果額外維度能夠儲存能量，或允許我們進入平常無法接觸的空間領域，誰知道我們可能會應用額外維度來做些什麼？

這是內次元除屁器

再者，額外維度的發現可能會提供我們線索，得以解決宇宙如何運作的難題（即整個宇宙的其他95％）。即使發現額外維度「不」存在也是很重要的。我們可以問：為什麼我們有三個維度（而不是四個、三十七個或是一百萬個）？三個維度到底有何特別之處？

到目前為止，短距離測量重力的實驗沒有什麼意想不到的發現，LHC沒有發現任何黑洞或粒子在其他維度運動。換句話說，我們沒有證據表明，這個世界的弦論理論是否正確，或重力真的在其他維度上移動。時至今日，我們絲毫不知宇宙有多少空間維度。

更奇怪的是，宇宙可能在不同地區有不同維度，也許我們的小空間是三個維度，宇宙的其他部分有四個或五個空間方向。

不過，有件事是明白無誤的，宇宙還有很多等待發掘的祕密。我們只要往正確的方向去尋找就成了。

10

我們能以超光速移動嗎？

不能

好吧，也許我們應該詳細說明一下。

物理學中有許多我們不確定的事，但毫無疑問，宇宙中的東西（光、太空船、倉鼠），沒有一樣能移動得比光穿過真空空間的速率還快：每秒3億公尺[1]。

讓我們做個客觀的比較，倉鼠每秒鐘只跑半公尺左右（在趕時間時）。世界上最快的人能以每秒10公尺的速率衝刺。在陸地上開車最快能開到每秒340公尺。太空梭在軌道上運行的速率約每秒8,000公尺，大概是光速的0.0025％。雖然你不太可能在日常生活中達到宇宙速限，但是宇宙速限確實存在：這是不可違反的定律，它不斷提醒我們，這個奇怪和美麗的宇宙也有極限。

這個速限毫無疑問是真實的。描述這個速限的相對論已經受了重複測試到非常高的精確度。它是近代物理學理論的基本原理。如果這個速限不是事實，我們肯定早已注意到。無論你做什麼、你認識誰，或你是什麼來頭，你就是不能比每秒3億公尺還快。

這個最大速率是我們宇宙的奇怪特徵。正如我們將看到的，它會導致各種奇怪的後果，從防止宇宙的不同部分進行交互作用，到使誠實的人對事情發生的順序意見相左。

即使這個速限被供奉在近代物理學的神壇上，仍然有些基本奧

祕困擾著物理學家。例如：為什麼有最大速率的存在？為什麼這個速限是每秒3億公尺，而不是每秒300萬億，或每秒3公尺？速率上限可以改變嗎？你最好把安全帶繫好，因為我們正要全速通過宇宙最大的奧祕之一。

手腳不要伸出書外。

★宇宙的速限★

愛因斯坦提出宇宙中存在最大速率的想法時，這概念並不很直觀。畢竟，宇宙中為什麼非得有速限？你為什麼不能跳上火箭、發射、卯足全力踩著加速踏板、不斷加快速率，直到你以荒謬的速率超過所有星系？如果空間是空的，到底是什麼讓你無法想要跑多快就跑多快？

然而，就是「空間是空的，我們可以永遠加速」的這種直覺讓我們陷入困境。正如你可能已在第七章〈空間是什麼？〉中學到的，空間並不是空的舞臺可以讓你在上面打轉。相反的，我們知道空間是有形實物，易於彎曲、伸展和產生波紋，並且可能為了你以不負責任的速率撕裂它而生氣。事實上，正是理解到宇宙速限的存

---

*　1　「穿過空間」是重要條件，繼續讀下去。

在，提供了物理學家第一個線索，了解到空間不僅僅是空的。

那麼，對於這個速限，我們知道些什麼？首先，它不會強迫急停。如果你試圖比光速更快，你不會突然碰到一堵硬牆，或遭星系警察攔下。你的引擎不會突然爆炸。你的蘇格蘭工程師（你粗魯的直呼他為老蘇格蘭）不會開始對你尖叫說，他不知道這艘太空船是否可以再繼續加速。

如果你登上太空船並踩緊踏板，以下是會發生的事：首先，你需要很長的時間才能接近光速。即使你用10g（重力的十倍，也就是大約每平方秒100公尺），這個頂級戰鬥機飛行員也只能短暫承受的最大加速度，你仍需要數個月才能達到每秒接近3億公尺。而且你會被一直壓在座位上，不能抓鼻子，甚至不能去洗手間。這不是愉快的旅行方式。

在加速了很長一段時間之後，你會發現：你不會比光速快。基本上就是這樣。沒有戲劇性的劇情發展；你就是永遠到達不了光速。你會愈來愈快，但在某個時間點，你會發現獲得愈高速率變得愈加困難。無論你用多大力氣或用多長時間，甚至用猙獰的臉部表情來催動加速，也永遠無法達到或超過每秒三億公尺。次頁的圖送給喜歡用數學理解事情的讀者。

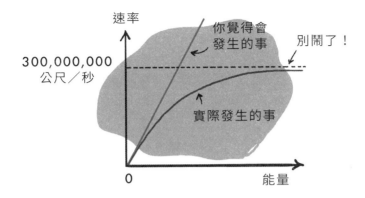

這張圖表示的是，無論你注入多少能量到引擎系統，你的速率會增加得愈來愈慢，所以你永遠都不會達到光速。這就像你想要回到二十多歲時的苗條身材一樣：你需要花不可能的時間和精力，而你永遠也達不到。

宇宙有速限真是很奇怪的事情。想想看，這表示當你試圖移動得更快的時候會受到阻擋，就算沒有其他力量施加在你身上也一樣。這是時空結構內建的漸近極限。事實上，這速限正發生在你沿走廊行進或開車時（希望你是在聽有聲書，駕駛時不該閱讀）。正如你在圖中注意到的，這個效應也發生在較低的速率上。它在低速率下不是很明顯，甚至可以忽略不計，但它的確在那裡。這代表相對論不是只在你接近光速移動時才發生。它總是在干涉、扭曲你的運動，以防萬一你想要比光還快。你以為可以把它應用在投三分球上嗎？你最好多用一點力量投籃，因為空間本身正在試圖讓你投籃外空心。

宇宙的速限不僅是最高限制或絕對上限。它扭曲了速度在

空間中的運作，不以我們直覺上認定的速度方式運作。宇宙速限不僅是時空的一部分，還以奇怪的方式限制所有速率。

★這有什麼了不起？★

讀到這裡，你可能會想：好吧，我們不能比光快。這有什麼了不起？我並不打算比每小時80（好吧，是大概100）公里還快。

沒錯。宇宙每秒3億公尺的速限並不會對你的日常生活造成影響。但這個速限深深影響我們的宇宙觀。也就是說，我們必須放棄時間對每個人都一樣的概念，也要放棄事件的發生順序對於每個人也一樣的想法。

有理性的人都會預期，該發生的事情會發生，而且我們通常可以根據明顯的證據來同意發生了什麼事情。但在孕育你的宇宙裡，事實並非如此。對於不同的人，事件的發生順序可能看起來完全不同，這都是由於宇宙的速限。

為了徹底了解宇宙速限如何導致在空間和事件順序上，這些匪夷所思的事情發生，讓我們想像一個很常見的情況：假設你給寵物倉鼠一隻手電筒。這樣好了，來點更瘋狂的。給你的倉鼠兩隻手電筒。

現在假設你的倉鼠把兩隻手電筒各指向一側，並同時打開。我們來問一個很簡單的問題：手電筒射出的光子有多快？

簡單吧？答案是c：光的速率（光是由光子組成的，記得嗎？）。每個光子以光速往每個方向前進。如果倉鼠測量光子相對

於地面移動的速率，這就是她會發現的結果（當然，我們假設她具
有高等實驗物理學位）。

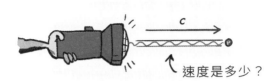

速度是多少？

這很有道理，對吧？我們對這點沒有異議。我們都同意，如果
你打開手電筒（發射光），光將以光速（名副其實）前進。

現在請做個跳躍式思考並提醒自己，你的倉鼠其實站在一個名
為地球，飛馳在太空裡的巨大石頭上。然後再往後退一大步，想像
你穿著太空衣在太空中飄浮，看著地球向右移動，而地球承載著你
心愛的倉鼠和她的兩支光子槍（又名手電筒）。

未照比例

$V_{地球}$

所以你正在用速度$V_{地球}$觀看地球向右移動。現在我們問：由
你（太空人讀者）來看，這兩個光子有多快？

如果光子相對於柏莎（對了，這是倉鼠的名字）以光速移動，並且你正看到柏莎經過，那麼你的直覺告訴你，把速度相加。所以你可能認為右邊的光子將具有 $c + V_{地球}$ 的速度，而左邊的光子將具有 $c - V_{地球}$ 的速度。但是如果 c 是光速，這不就是說：你會看到一個光子會移動得比光更快，而另一個光子會移動得比光更慢嗎？

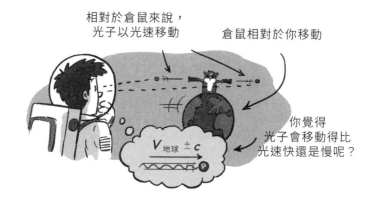

不！這是不可能的，對吧？沒有任何東西，甚至是光，可以比光的速率（名副其實）更快！那麼，到底發生了什麼事？

首先，讓我們考慮與地球同方向（向右）移動的光子。你的直覺告訴你，這個光子應該比光速更快。但是由於宇宙速限，你會看到這個光子正好以光速（相對於你）離開。但這是奇怪的，因為這也是柏莎所看到，光子相對於她的速率。即使你和倉鼠以不同的速率前進，你們都看到光子以同樣的速率相對於每個人移動。

為何這不違反所有的邏輯推理？事實上真正違反的，是我們期待每個人都必須看到同樣事情的概念。我們因為沒有辦法接受這個事實，才覺得宇宙有奇怪而且反直覺的現象。

同樣奇怪的是，向左移動的光子發生了什麼事。你可能會天真的期待，光子將比光速慢（$c - V_{地球}$），因為光子來自地球，而地

球正在向右移動。但是，在真空中的無質量粒子（如光子）的另一個奇怪特性是，它們總是以宇宙允許的最大速率移動，它們從不放慢腳步[*2]。

無論測量的人是誰、以及這個人的速度有多快，光總是以光速行進。這表示，當你飄浮在太空裡並看著地球經過時，將會看到這兩個光子正好相對於你以光速移動，而地球上的柏莎教授將看到這兩個光子相對於她以光速移動。

這是關於宇宙速限令人震驚的事情之一：宇宙速限只適用於物體之間的相對速度，而不是絕對速度。

這是因為這個宇宙沒有所謂的絕對速度。你可能會認為你飄浮在太空中是很特別的，並認為你有權決定東西移動的速度，但實際上你和地球也是相對於別的東西移動（比如太陽或銀河中心，或我們座落的星系團中心）。即使有宇宙中心（並不存在這種東西），誰知道你相對於它的實際速度是多少。因此，絕對速度沒有意義。

---

* 2 什麼東西讓無質量的粒子（如光子）維持光速移動？就像光顯現出的奇怪特質一樣，如果無質量粒子可以減慢速率，甚至會更加奇怪。如果無質量粒子的移動速率可以小於最大速率，那麼有質量物體可以快足以趕上它，這看起來會是什麼樣？無質量粒子只不過是運動的能量（沒有質量）。但是，如果你能趕上它，使它不會相對於你移動，那麼它就沒有運動，因為沒有任何質量，所以它就根本什麼都不是。噢！雖然看起來很奇怪，但是這讓光子始終以最大速率移動，顯得更有道理。

宇宙的速限告訴我們，似乎沒有什麼東西可以移動得比光速更快。這是奇怪的事，由於這個原因，事情開始變得更加奇怪。

還有更奇怪的？？？

★事情變得更加奇怪★

好吧，即使倉鼠正在離開你，但你和倉鼠看到的手電筒射出光線，都以相同速率移動。這很奇怪是不是，但還有更奇怪的。

假設我們把標靶放在倉鼠兩側，接著提出這個問題：手電筒中的光子會先打到哪一個標靶？

未照比例

如果你問柏莎，她會說光子同時擊中兩個標靶，因為兩個標靶和她的距離都相等，而且她看到光子以相同的速率在這兩個方向移動。

但這與你所見的不同。

你看到兩個光子以光速離開手電筒（相對於你），但是你也看

兩個光子同時打到標靶

到了柏莎（和標靶）在向右移動。所以光子抵達標靶時，左側標靶正接近光子，但右側標靶正遠離光子。因此，右側光子抵達右側標靶之前，你將看到左側光子早已擊中左側標靶。

換句話說，你們兩個看到完全不同的事件順序！柏莎在看到光子同時擊中兩個標靶，但是你看到光子先撞到其中一個標靶。奇怪的是：你們兩個都是對的！

如果你加進更多寵物，事情會變得更匪夷所思[*3]！我們假設你與寵物倉鼠在發現宇宙的奇怪情況時，你的寵物貓（讓我們稱他為賴瑞）正乘太空船（貓薄荷號）回家。他和地球一樣，都是相對於你向右移動，但他目前的移動速率比地球更快。所以賴瑞從太空船窗戶往外看時，看到柏莎和地球相對於太空船往左邊移動。

---

*| 3　這個敘述永遠為真。

賴瑞貓

賴瑞也看到柏莎的光子以光速移動，因為光子必須遵守宇宙速限，但是由於他認為柏莎向左移動，他將會回報右側光子先撞到標靶！

現在，我們有三個相互牴觸的報告：柏莎看到光同時擊中兩個標靶；你看到其中一個標靶先被擊中；賴瑞可能驚訝的發現你在太空裡做物理實驗，並看到另一個標靶先被擊中。而且你們都是正確的！

我們不僅必須接受宇宙有最高速率，我們還要放棄，事件發生的時間對在每個地方的每個人而言，都是一樣的想法。我們再也不能做非常合理的假設，發生在宇宙中的事件有單一且一致的描述，而是一切都取決於你問哪隻寵物！

倉鼠雙手電筒實驗結論

	觀察者	活動	觀察結果
	你	在太空中放鬆	光子先打到左側靶
	柏莎倉鼠博士	在懷疑讀物理博士學位完全浪費	光子同時打到兩個靶
	賴瑞太空貓	正趕回家去補充毛線球	光子先打到右側靶

★歷史就是歷史★

所有這一切都應該立即讓你覺得瘋狂。首先，這表示事件在宇宙裡沒有絕對的歷史順序。有理性的人（和他們的寵物）可能回報事件發生的不同紀錄，而且都是正確的！

換個方式想：你可以透過不同的觀察速率，來改變事件的順序。你、倉鼠和你的貓都看到事件不同的發生順序，因為你們以不同的速率移動。這是非常違反直覺的，因為我們傾向於認為宇宙有共同的歷史：事情發生的順序有確定的時間表。但是，這對宇宙來說根本不可能。因為對於每個人而言，光以相同的速率前進，而宇宙有最大限速，結果就是：普適時鐘或普適同時性的概念已經消失了。

★打破因果關係★

　　你可以把事件順序重新排列到什麼極致呢？到目前為止，我們速度最快的觀察者是貓，他看到右側光子首先到達標靶。如果貓碰巧在能夠突破宇宙速限的太空船上呢？隨著貓的速度愈來愈快，他將開始看到兩個事件（光子離開手電筒和擊中標靶）的時間差愈來愈短。在某些時候，賴瑞貓會因為速度太快，在光子在離開手電筒之前，就已經看到光子打到標靶了！

光子在離開手電筒之前，就已經打到標靶了！？

　　但是，這是沒道理的，因為這會違反因果關係（你知道結果是由原因造成的，而不是反過來）。在沒有因果關係的宇宙中，事情是瘋狂的：水在你打開爐子之前就煮沸了，寵物在你還沒有認罪之前就把你鎖在衣櫃裡。在這樣一個奇怪的宇宙中，很難理解事情如何發生，也不可能建立合理的物理定律。

　　順便說明，我們如何知道宇宙速限是普適的。1887 年，名叫邁克生（Albert Michelson）和毛立（Edward Morley）的兩位科學家進行了類似於我們的倉鼠假想實驗（只不過沒有倉鼠）。他們射出一束光，並把光分成兩個垂直方向。然後，他們測量了兩束光從鏡子反射回起始點，是否花費相同的時間。像柏莎倉鼠一樣，他們

發現光線在所有方向都花了同樣的時間來移動。而且由於地球以未知的速率相對於宇宙的其他部分移動，他們認為無論你的相對運動多快或多慢，光的速率總是相同的。

因此，我們可以得出結論，沒有什麼東西可以比光更快，因為這會導致打破因果關係的情況（比如賴瑞看到光子在離開手電筒之前，就已經打到標靶）。無論是什麼狀況，都不允許打破因果關係，即使是初犯也不容許。宇宙對於因果關係相當慎重其事。

我們會讓
「M&M」
家喻戶曉。

邁克生－毛立實驗

★局域原因★

究竟為什麼會有最大速率？為什麼宇宙介意我們的貓和倉鼠走得多快？這一切是為了達到什麼可能的目標？

我們可以從任何第一原理推導出這個速限嗎？或是以任何方式來理解它嗎？簡單的答案是，我們沒有明確的原因可以解釋為何宇宙有速限，但我們有非常好的藉口。速限的存在有助於讓宇宙有局域性和因果關係。

我們談過，因果關係在宇宙中似乎是合理的要求。至於「局域性」，我們指的是可以影響你的事情數量，僅限於在你附近的事情數量。如果宇宙沒有速限，那麼發生在任何地方的事情，都可能對

地球產生立即影響。在這樣的宇宙中，美國國家安全局版本的外星人，理論上可以即時讀取你發給朋友的留言（甚至snapchats[*4]），或者外星科學家可以開發能立即殺死地球上所有人的工具。幸好，我們有限制東西（光、力、重力、自我、外星死亡光線）移動速率的定律，這代表只有局域環境中的東西，才能與你有因果聯繫。

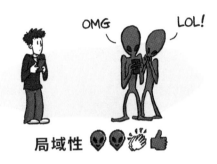

局域性 👽👽👏👍

如果我們想要有遵循因果關係的宇宙，而且在這個宇宙裡，我們不易受到遙遠外星人建立的大規模毀滅性武器即時影響，我們必須接受看似有點奇怪的東西，像是人們和寵物對於沒有因果關係的事件順序有不同看法。

★但為什麼是這個速率？★

我們認為，對於遵守因果關係和局域性的宇宙來說，擁有最大速率是很有道理的。

但物理學通常是這樣，回答了一個問題之後，會導致更深入和更基本的問題：為什麼宇宙遵守因果關係？我們不能指望宇宙是針對我們特定的想法量身訂做的[*5]。為什麼我們有這個特定的最大速率，而不是其他速率？

為什麼宇宙遵守因果關係？這個問題非常艱澀，甚至難以討

論，遑論以令人滿意的方式回答。因果關係根深柢固於我們的思維模式裡，我們無法跳脫並考慮一個沒有因果關係的宇宙。當宇宙沒有邏輯、不可能或甚至是不適合推理時，我們不能使用邏輯與推理來思考宇宙。這當然是極深奧的祕密，由於科學假設因果關係和邏輯，所以這可能是超越科學力量能夠回答的問題。也許我們永遠無法回答宇宙為何遵守因果關係，因為這問題可能與棘手的意識問題密不可分。

比較簡單的問題是：為什麼是這個特定的最大速率？我們的所有理論都沒有任何理由要選擇一個特定數值。光速較快的因果世界，局域性會比較小；光速較慢的因果世界，局域性會比較大。但是，這兩種宇宙仍然可以運作，而且物理學允許任何光速設定。只不過，我們在宇宙中量到的光速正好是每秒3億公尺：這個速率與人類的經驗相比是非常快的，但相較於在恆星或星系之間的旅行距離，卻是非常的慢。

宇宙速限

剛剛好快到讓我們
看到星星……

……但是沒有快到
讓我們追上它

我們現在並不知道宇宙速限為何如此，但可以推測出不同的可能性。

---

* 　4　譯注：snapchat是史丹佛大學學生開發的圖片分享軟體應用，snap意指快照。

* 　5　雖然你也許能合理主張，在有因與果的宇宙裡，智慧生物會發現因與果，即使他們不曉得這些因與果來自何處，他們也會用自己的邏輯系統把因果合理化。

　　這也許是光速唯一可能的數值，因為光速深刻揭示了宇宙和時空的本質。例如，如果時空實際上是量子化的，那麼光的速率可能來自於時空相鄰節點之間傳輸信息的方式。在吉他弦中，弦的波速由弦的粗細和張力來決定，類似的原理可能決定了光速。

　　或許有一天，我們會提出統一的時空理論，明確闡釋為什麼光和資訊必須以一定的速率傳播，而所有問題都會得到答案。但就現在來看，這個理論的完成機率和你的寵物為你準備晚餐的機率，沒啥兩樣。

　　另一方面，宇宙光速也許可以是介於（但不包括）零和無窮大之間的任何數值。零將對應於非交互作用宇宙，而無窮大對應於非局域宇宙。如果宇宙可以有任何速限大小，那麼現在的光速是怎樣決定的呢？我們真的不知道。如果有任何人告訴你光速是他們決定的，他們可能是來自未來，正進行時間旅行的物理學家，或是有嚴重的妄想症。無論如何，不要讓他們幫你照顧寵物。

　　也許光速是物理學的局域定律，而不是普遍的法則。由於大霹靂結束後的時空冷凝，光速在這個宇宙中是有效的。也許在宇宙的每個地區，光的速率是由隨機的量子力學過程決定的。這表明宇宙的其他部分具有差別很大的光速數值。這些想法都沒有達到完整概念的標準，更不要說是可靠的科學假設。但是想一下還是挺有趣。

★過去和未來★

如果我們沒有什麼好理由來解釋光速為何如此，我們怎麼知道光速今後不會改變，或者光速和過去沒有什麼不同？

我們不能回到過去做實驗，但是宇宙給了我們一個美麗的古代天文館：夜空。

要記得，當我們仰望天空，映入眼簾的並非正在發生的事，而是昔日往事。物體離我們愈遠，發出的光要花愈長時間接近我們，我們看到的影像就愈老。透過觀看離我們愈遠的物體，我們可以有效的端詳過去。天文學家已經應用了目前的物理學定律（包括光的速率），來觀察在天空中看到的軌道、碰撞和爆炸，直至今日，並無跡象顯示有任何東西違反普適速限。

預測未來的難度相當高。我們大可以依據140億年的歷史來推測；這看似簡單，但它一定要靠一個假設，即宇宙在未來的運作方式與過去相同。這純粹是假設，因為我們知道，宇宙在過去經歷了許多徹底不同的時期（大霹靂前、大霹靂暴脹，以及當前的擴張時代），所以預測宇宙在未來保持不變，不免流於過度自信。

我看到你在未來會收到更多超速罰單！

★但我們也許可以造訪其他星星★

有可能進行超光速旅行的話會很有趣，不是因為有人想贏得與

光子的比賽，而是因為人類有探索周圍宇宙的基本願望。登上外星球、探訪遠方太陽，也許遇見外星人並和愚蠢的寵物交朋友，如果有機會，很少有人會拒絕這些事。

急於跳上第一艘太空船，去參觀另一個太陽系或探索相鄰星系的人，聽到我們能在宇宙中旅行的最快速率只有每秒3億公尺時，應該會覺得很遺憾。畢竟，距離我們太陽系最近的恆星可是有40,000,000,000,000,000公尺之遠。

但也許我們問錯了問題。與其問：「我可以移動得比光更快嗎？」不如問：「我們可以在合理的時間內，到達遙遠的星星嗎？」第二個問題的答案非常耐人尋味：「也許可以，但代價非常高。」

請記住，光速是你（或我，或你的貓）能夠穿過空間的最快速率。但空間不是閃耀黃色尺標的抽象背景，而是具有奇怪特性的動態有形實物，這些特性包括有擴張和收縮的能力。

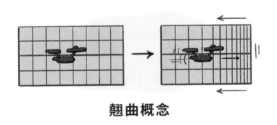

翹曲概念

最後一點至關重要：如果我們可以擠壓介於自己和遠端目標之間的空間，使我們不需要有很快的移動速率，就能在合理的時間內抵達，那會怎麼樣？這做得到嗎？這個想法確實有可能。雖然對於時空本質仍需多加了解，但我們知道時空可以扭曲和收縮。不幸的是，這樣做需要龐大的能量，相當於需要不可計量的倉鼠挺著圓鼓鼓的身體，使盡全力轉動輪子。科學家估計，曲速引擎需要耗費不切實際的能量來壓縮太空船前方的空間，使我們抵達更遙遠的距離。

★ 或者蟲洞辦得到？ ★

　　另一種不需要超光速來縮短旅行時間的方式是使用蟲洞。這不是你用來餵養寵物蜥蜴的可愛蟲蟲農場，而是廣義相對論所預言的物體。在適當情況下，空間中的蟲洞可以把宇宙中兩個距離遙遠的地方連接起來，讓你在兩地之間旅行。在科幻小說中，穿過蟲洞會引起瘋狂的光線、喧囂的聲音，還會尷尬的喪失控制膀胱的能力[*6]。實際上，沒有人知道穿過蟲洞會是什麼樣子，也許只不過是像走過門口那樣簡單。

　　確實，如果空間維度超過三個，即便在三維空間中似乎相隔遙遠的地方，有可能在其他維度裡比鄰而居。想像一下，如果我們的宇宙像捲筒衛生紙般捲起

這是個迷人的宇宙

來，空間繞著自己層層相疊。在同一張紙上的東西當然就像我們平

常認為的那樣相鄰，但附近可能會有其他紙張，透過蟲洞穿過不同層面而相連。

蟲洞可能聽起來像是幻想，但實際上，蟲洞並不與任何現行的物理定律相牴觸。不幸的是，目前所有的計算顯示，蟲洞會非常不穩定，誕生之後幾乎立即崩潰。這表示在它崩潰之前，你幾乎沒有時間享用航程中的飲料。

此外，我們不知道如何製造蟲洞，所以我們必須跌進蟲洞裡，看看它會把我們帶往何處。這就像是矇著眼睛跌跌撞撞走在曼哈頓，隨機搭上陌生人的車，並希望他們載你前往洛杉磯。

★讓我們堅持夢想★

把實際考量丟一旁（例如，不可能達到的能量要求，以及缺少創造曲速引擎和蟲洞的技術），因為這些討厭的細節，會干擾認真用功的讀者對於星際旅行的幻想。尤其是在你們讀完這麼多對超光速澆冷水的段落之後，你們有資格有這樣令人望而生畏，又不切實際的幻想。

壓縮空間或穿越蟲洞的挑戰難如登天，但請留心，物理學家已把星際旅行的問題從「完全不可能」升級到「非常困難和極度昂貴」。有，總比沒有好！

任何對未來科技進步所做的長遠預測，有可能是會碰巧對了，或令人尷尬的天真幼稚，因此我們拒絕做任何預測。但依據人類過去的輝煌紀錄，科技奇蹟正在未來等待我們。而且由於沒有物理基本定律阻止星際旅行成真，所以超光速旅行仍有希望。但何時會發生呢？我們不曉得。

物理警報系統

| 完全不可能 |
| 非常困難
或極昂貴 |
| 看似可行 |
| 可行 |
| 有 APP 可用了 |

★緲子一直這樣做！★

　　物理學對細節一直很小心。無論何時，只要自然定律出現了小漏洞，肯定會有粒子在某處恣意蔑視定律並往那裡鑽。用律師的角度重新審視定律，你可能會注意到，宇宙的最大速限是光在真空中的速率。為什麼強調「真空」？因為光的速率取決於它經過的東西。光在空氣、玻璃、水或雞湯中的速率，小於光在真空中的速率。因為光子必須花時間與雞湯裡的討厭粒子（讓我們稱之為「雞湯子」）進行交互作用，所以光子的整體移動速率較慢。

　　所以如果你問：「有東西能以超光速移動嗎？」我們的答

咿！

FTL FTW[7]

案是：「從技術上來說，確實有可能……」這個技術在於，東西在某些介質中能移動得比光還快，只是仍然快不過真空裡的光速。例如，高能量的緲子能比光更快穿過冰塊。從技術上來說，這是「超光速」移動，即使聽起來像是律師用語，令人感到不滿意。

雖然這種「超光速」不能幫你實現夢想：在遙遠的星球建立殖民地，並成為自己太陽系的神。但它確實會產生一些很奇妙的效果。貼著湖泊表面航行的快艇，速率比水面上形成的波浪快時，波浪會疊加成尾流。如果飛機的飛行速率超過聲速，就會產生叫做音爆的空氣爆震波。當緲子比光更快穿過冰塊時，會發生什麼事？緲子會產生光爆！這也稱為契忍可夫輻射，物理學家通常用由光爆產生的暗藍色光環，來檢測粒子並測量粒子速率。

所以如果宇宙空間突然充滿了宇宙雞湯（或冰），技術上來說，緲子可以比光更快穿過空間，並且會不斷散發出熱情洋溢的藍色光環，直到抵達新家園。

★結論就是……★

我們能以超光速移動嗎？答案是：能。等等！不能。咦！好像可以。嗯！我想還是不能吧！

11

誰在對地球發射超快粒子？

你會從中學到太空充滿了小子彈

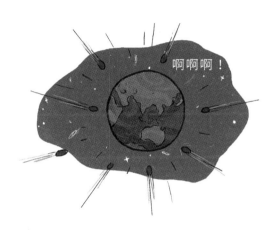

　　如果你某天清晨醒來，發現房子被子彈掃射，那應該算是緊急情況了。你不可能只是放輕鬆、著裝、開始日常生活，然後指望經費拮据的科學家把狀況搞清楚。

　　但我們每天就是面臨這種情況：如果你把地球當成你的房子，把宇宙射線當成子彈的話，每天都有數以百萬計的子彈撞上我們的大氣層，而且這些子彈攜帶的總能量，比核爆能量更高。

　　令人震驚的是，我們完全不曉得是什麼（或是誰）對著我們發射宇宙射線。

　　我們不清楚宇宙射線從哪裡來，或者為什麼宇宙射線有這麼

多。而且我們不知道有什麼自然過程，可能用來製造如此火力充沛的彈藥。有可能是外星人，也有可能是我們從未見過的全新事物。即使是我們今日創造力過度豐富的科學家，也難以憑空想像出答案。

　　這些謎樣的宇宙射線究竟是什麼？為什麼我們會受到如此巨大能量的不斷射擊？趕緊找個掩護，然後繼續閱讀下去，你就能學到更多關於這個宇宙的奧祕。

★什麼是宇宙射線？★

　　「宇宙射線」這個名稱可能有點不必要的神祕；它只不過是來自太空的粒子。它可以是恆星和其他物體不斷射出的粒子，也就是：光子、質子、微中子，甚至重離子。

著名的雷（射線）

雷·
查爾斯[*1]

雷·
布萊伯利[*2]

宇宙射線

猴塞雷！

　　例如，我們的太陽是太空粒子的主要製造商。除了眾所皆知的可見光，太陽也產生高能量光子（紫外線、伽瑪射線），這些光子能夠穿透你的身體，導致癌症。不過，光子的數量與來自太陽核融合反應爐的微中子相較起來，完全是小巫見大巫：每秒大約有1,000億個微中子穿過你的指甲。由於微中子很少與其他物質交互作用，因此你感覺不到微中子，也不用為它提心吊膽。甚至在這1,000億個微中子當中，平均只有一個會注意到你，然後從你的拇指中彈出一個粒子。一般而言，微中子會直接穿過地球，不與地球進行任何互動，所以儘管壞消息是，你與數不清的微中子之間沒有任何屏蔽，但好消息是，微中子真的不會對你造成任何傷害。

　　較重的帶電粒子（如質子或原子核），對人體如此精緻的生物構造才會造成危險。高能量質子會穿透人體，造成嚴重破壞。所以太空人必須特別小心，確保自己始終受到屏蔽，而且不僅僅是擦防

---

*　1　譯注：雷‧查爾斯（Ray Charles），美國靈魂音樂家、鋼琴演奏家，是節奏布魯斯音樂的先驅。

*　2　譯注：雷‧布萊伯利（Ray Bradbury），是美國科幻、奇幻、恐怖小說作家，代表作品有《火星紀事》及《華氏451度》。

曬霜程度的遮蔽。更重要的是，太陽跟所有巨大的火球一樣，都是不可預知的。大多數時候，太陽是在無可計量的高溫下燉煮，但有時會消化不良而導致日焰。這些日焰把電漿一股一股的送到太空中，並釋放額外劑量的危險粒子。只要是會花時間待在太空的人，都需要準確的太陽氣象預測，並且在檢測到日焰時，要能迅速得到額外屏蔽。

重點在於，為數驚人的太空粒子一直在撞擊地球。而且，它們攜帶非常多的能量。

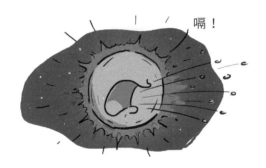

幸好地球表面的我們[*3]大都受到地球大氣層的保護。大多數擊中地球的高能粒子，會撞擊並分解覆蓋地球表面的空氣和氣體分子，造成大量低能量粒子組成的射叢（shower）。如果你曾納悶北極光或南極光來自何處：極光是宇宙射線受地球磁場偏轉到北極和南極，所放出的光芒。

但這種保護只有當你在地球表面時才有作用。如果你有大量的時間在高空中（譬如空服員或偷渡者），會承受更多這種輻射。不幸的是，在飛機上擦防曬霜是沒用的。

這些粒子有多快？在地表上，製造快速粒子的世界紀錄保持者是LHC（大型強子對撞機），LHC以幾乎十兆電子伏特（10^{13}電子

伏特）的能量來加速粒子。以兆計量的東西都令人印象深刻，但跟太空中的粒子能量相比，就相當平淡無奇了。宇宙射線一直以十兆電子伏特的能量級數撞擊地球。它們現在正以每秒鐘每平方公尺一個的頻率，攻擊地球大氣層。如果你覺得這數量聽起來好像很多，你的感覺沒錯，因為這個能量就相當於在每平方公尺上，每秒鐘有一輛緩慢移動的校車[*4]如雨般降落下來。

我不覺得撐傘有什麼用。

然而，宇宙射線還會以更高的能量撞擊地球，能量之高超乎想像。宇宙射線使我們在LHC加速的粒子，看起來就像是嬰兒慢動作爬過花生醬。我們曾經看過的最高能量粒子，以超過10^{20}電子伏特的能量擊中地球，這個能量比LHC最快的粒子高出近2百萬倍。太空粒子的速度如此的快，物理學家暱稱最高能量紀錄保持者為「我的天哪粒子」（Oh-My-God particle）。當疲憊的物理學家聽起來像嚇得目瞪口呆的青少年時，你可以知道他們對這個粒子的印象

有多深刻了。

　　具有這種瘋狂能量的粒子卻是令人驚訝的常見。每年大約有5億個這樣的粒子撞擊地球。相當於每天超過1百萬個，或每秒16個。就在此刻，在你讀到這個句子時，大約有接近50個超高速粒子[*5]（相當於1億輛慢速移動巴士的動能）擊中了地球。

　　但是，關於這個高能譜粒子有個令人難以置信的事實：我們完全不曉得什麼東西能製造如此高能量的粒子。

　　沒錯，每天都有數以百萬計的超高能量粒子轟炸我們，可是我們對它們的創造者毫無所悉。如果你要求天文物理學家[*6]估計，就我們目前所知，粒子在太空裡的可能最高速率，他們會：一、感謝你問他們這麼酷的問題；二、想出瘋狂的情況，例如粒子是在爆炸的超新星上衝浪，或黑洞讓粒子像彈弓一樣來回擺動；三、仍然想不出來。依據我們至今對宇宙的了解，粒子在太空中可以獲得的最高能量大約是 10^{17} 電子伏特，這不到每天擊中地球能量的千分之一。

　　想像一下，如果你的法拉利經銷商告訴你，他們賣給你的車，能達到最高速率每小時320公里，然後你讓經銷商瞧瞧，法拉利可以達到每小時32萬公里。你會得出結論，即使是世界級的法拉利專家也搞不清楚狀況[*7]。

宇宙射線的情況就是這樣。宇宙射線以我們窮盡所有知識仍無法解釋的能量撞擊地球，這說明了一件事：宇宙中一定有一種我們

不知道的新物體。

　　好吧！當你寫下這段陳述時，似乎很合邏輯，但仍然是很難想像。儘管就我們對宇宙所知的一切（我們至少知道了5％）、加上數個世紀的星象觀測，並建造了令人難以置信的高精度工具，但宇宙仍然有某些部分是我們從未看過的。到底是什麼造成瘋狂能量的宇宙射線，依舊是個謎。有趣的是，這個神祕物體發射給我們的粒子，夾帶著有關宇宙射線源頭和這源頭可能是什麼的線索，讓我們能立即專心研究這個特別的謎題。

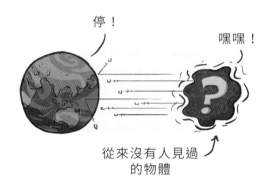

從來沒有人見過的物體

★宇宙射線從哪來？★

　　如果你受到任何超高能量物體（雪球、水果鵝卵石、鼻屎等等）的攻擊，那麼你首先要做的就是環顧四周，看看這些物體從何處來。這些瘋狂的高能粒子來自某種恆星嗎？還是超大質量黑洞？或者是系外行星（系外行星們！）？或者它們從四面八方而來？

*　5　譯注：1年有365又1/4日，而1日有86400秒，因此5億個／年≈137萬個／日≈16個／秒。若以3秒計算閱讀本句時間，就有將近50個超高速粒子。
*　6　我們真的有。
*　7　是的，天文物理學家在這個譬喻下就是法拉利經銷商。

幸運的是，粒子的能量愈高，就有愈多粒子能指回發源地，因為超高能量粒子較不會受到我們與粒子源頭間的磁場或重力場彎曲。

但是要弄明白它們來自哪裡，你需要好幾個例子。就像屋頂狙擊手那樣，發射的子彈愈多，愈容易受到定位。要找到這些宇宙射線的發射源相當不容易，困難點在於，地球是很大的目標。即使每天都有數百萬個宇宙射線撞擊地球，但要安置好探測器，並在適當時間捕捉到宇宙射線，其實是非常棘手的任務。我們早些時候說過，每秒有數百個宇宙射線撞擊地球，我們並沒有說謊，但地球是非常大的地方，因此更確切的說法是，有多少宇宙射線打中與典型探測器同樣大小的面積（以平方公里計）。

具有LHC能量（10^{13}電子伏特）的粒子，以每秒每平方公里100個的撞擊率抵達地球。具有荒謬能量（10^{18}電子伏特）的粒子較為稀少，以每年每平方公里1個的撞擊率，來到地球。

但是，我們的得獎者（超過10^{20}電子伏特的粒子）更加罕見。它們對地球的撞擊率，每一千年在每平方公里上，只有1個左右。

好！就在那裡等一千年。

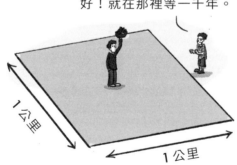

這個狀況使得我們很難弄清楚宇宙射線到底來自哪裡，因為即使你建造了非常大的探測器，要捕獲這種高能粒子的機會仍舊少之又少。目前為止，我們已經在所有建好的宇宙射線望遠鏡中，檢測

出了少量的超快粒子，但尚無法確定這些瘋狂太空子彈的來源。

好消息是，我們確實有關於高能粒子來自何處的重要線索：它們不可能來自很遠的地方。可見光可以馳騁數十億公里，沒有散射或減速，這就是為什麼即使星系在無法想像的遙遠距離，我們仍然可以看得到。但你若想從洛杉磯盆地的某側要觀看另一側的山脈，卻辦不到，你會明白我們能看到太空深處，實在很不可思議[*8]。即使太空對我們來說，彷彿非常清晰和空曠，但對帶電的高能粒子來說，卻像是擁擠的火車站。在構成宇宙嬰兒照的宇宙微波背景中，充滿一種光子霧，宇宙射線與這種霧會交互作用，並因此極快的減慢速度。高能粒子每走幾百萬光年，能量就會從10^{21}電子伏特減少到低於10^{19}電子伏特左右。

這表示我們看到的高能粒子必須來自相對較近的源頭，否則就會受到光子霧減速。如果高能粒子來自很遠的地方，那它們一定有絕對荒謬的初始能量。如果我們可以排除絕對荒謬能量，就可以得出結論：無論源頭為何，超高能粒子必須在銀河系附近。這個線索相當有用，因為它從各項爭論中摒除了眾多的可能空間，但也沒有太大幫助，因為可能的空間體積仍然極龐大（從科學上來說）。

---

*| 8　你也會想到，洛杉磯不是呼吸空氣的好地方。

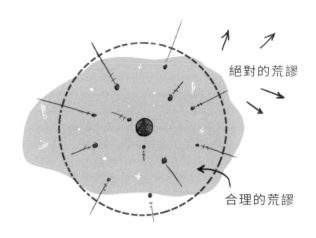

絕對的荒謬

合理的荒謬

總而言之，這些線索讓我們可以肯定下面這段驚人的聲明：

在我們附近有某種物體，
一直用很瘋狂的高能量粒子射擊我們，
而我們對這物體一無所知。

這當然是宇宙線索，宇宙中還有很多新事物等待我們去發掘。

★怎樣才能觀察到宇宙射線？★

　　當超高能量粒子打到大氣層頂時，它會先撞擊到大量的空氣和氣體分子，才能抵達地球表面（幸好！）。10^{20}電子伏特粒子撞擊大氣中的一個分子時，會分解成兩個粒子，每個粒子占有一半能量。然後那兩個粒子再撞擊其他分子，創造出分到1/4能量的四個粒子，依此類推。最終，會有數百萬個具有10^9電子伏特能量的粒子，瞬間刷洗過地球表面。這種粒子的射叢範圍通常約一或兩公里寬，

主要由高能光子（伽瑪射線）、電子、正電子和緲子組成。因為有如此寬廣而強大的射叢，所以我們知道有超高能粒子撞擊地球。

神奇金粉

　　但要觀察1.6公里寬的射叢需要非常大的望遠鏡。幸好，望遠鏡只需要非常寬，並不需要連續。沒有人能負擔得起建造1.6公里寬的粒子探測器，替代方案是找一塊土地並在上面布滿小的粒子探測器。南美洲的皮耶赫・奧杰（Pierre Auger）望遠鏡，就是這樣的望遠鏡。在3,000平方公里的土地上，有1,600個粒子探測器和1萬多頭母牛[*9]。

我們正在尋找緲（哞）子

*| 9　就我們所知，母牛不是用來進行科學研究的。

　　這個探測器非常擅長於觀察來自超高能宇宙射線的射叢，它好像占地極廣，事實也確實如此。但要記得，在一平方公里的面積內，超高能粒子每千年只到達一次。所以即使你擁有 3,000 平方公里的地，也許每年也只能看到幾個超高能粒子，即使經過幾十年的觀察，也許仍然不足以解答宇宙射線之謎。

　　我們還能做些什麼？為了縮小宇宙射線源頭的可能範圍，並且了解這些粒子的起源，我們將需要更多的例子。但是，用現有技術建造更大的望遠鏡會花費大量經費。皮耶赫・奧杰望遠鏡的成本約為 1 億美元。

　　一個絕妙的想法是，找出已經為其他目的建造出的東西，把它改造成宇宙射線望遠鏡[10]。如果你要寫出完美宇宙射線望遠鏡的描述，可能會希望它具有如下特性：

- 範圍包含全球
- 價位最低
- 音響系統一級棒
- 已經構建並配置完善

　　在你嘲笑這個荒謬的規格之前，請考慮一下它的可能性。是否現在就有遍布全世界的粒子探測器網絡，但是每天大部分時間都在待機中？如果你才剛用智慧型手機把這個問題輸入谷歌，那麼你已經比你想的更接近答案了。

iPhone 11 的新功能

宇宙射線探測器（也可用在自拍）

　　事實證明，智慧型手機中的數位相機可以當成粒子探測器。智慧型手機能漂亮的拍攝你的壽司午餐，或你孩子最近精采萬分的表演（真的，你的孩子令人驚艷！），相同的技術也能夠偵測，高能粒子撞擊大氣層時產生的粒子射叢。而且智慧型手機無處不在，在撰寫本文時，就有超過30億隻手機處於開機狀態。這些手機是可程式化，連接了網路，有GPS功能，並且整晚都沒有在使用。如果用這些智慧型手機跑app，利用相機功能檢測粒子，就可能成為分散式、大眾支援且全球化的宇宙射線望遠鏡的一部分。一些科學家最近提出，如果足夠的人（約幾十萬人）在晚上不用手機時跑app，得到的網絡可能會觀察到我們原本可能錯失的那些高能宇宙射線[11]。跑app的人愈多，網絡愈大，可以蒐集的宇宙射線就愈多。那個關鍵人物可能就是你！你知道的，你一直想成為天文物理學家，如果這個瘋狂的想法有用，那麼你就可以成為解決宇宙中最大奧祕的其中一人。

★宇宙射線能做什麼★

　　當我們說天文物理學家不能解釋這些粒子的高能量時，我們的意思是說，高能量粒子無法只用我們知道的物體來解釋。如果你讓天文物理學家隨心所欲發明新類型的物體，讓這些新物體有可能製造超高速粒子，那麼你會得到許多很有意思的想法。

　　天文物理學家是極富創造力的人，但太空探索的歷史顯示，宇宙可能更有創意。我們把一些可能的解釋羅列如下。但請記住，最

---

*　10 全面披露：本書的作者之一提出了這個想法。不，不是漫畫家，是另一個。

*　11 而「一些科學家」我們指的是作者丹尼爾和他的朋友。更多相關資訊，請參訪http://crayfis.io網站。

有可能的情況是，這些想法都不正確，真正的解釋會比瘋狂科學家
想到的更驚人。

★超大質量黑洞★

　　多年來非常受歡迎的解釋是：星系中心的極強大黑洞創造了這
些高能粒子。這些黑洞的質量比我們的太陽大了幾千甚至數百萬
倍。除了已經被吸入黑洞的東西[*12]，還有一大堆氣體和灰塵繞著黑
洞周圍轉，排隊等待被吸入。黑洞承受龐大的作用力，而且我們已
經觀察到黑洞會產生難以置信的輻射。然而，我們花了數十年觀察
到的極少數高能宇宙射線，似乎與這些活躍星系核的位置並不相
符。這代表我們期待超高能粒子來自超大質量黑洞，很可能是妄
想，我們需要更稀奇古怪的想法。

★外星科學家★

　　有些科學家想知道，我們是否是宇宙中唯一試圖將物質分解，
從事研究的智慧物種。如果外星人（是的，我們指的是智慧外星生
物）已經建立了超出我們能力所能及，且足夠大的粒子加速器來分
解物質，那會怎麼樣？我們看到的超高能宇宙射線，可能只是外星

人加速器產生的殘餘，是外星人的實驗汙染。我們討論外星人話題時，讓自己想想更荒唐可笑的可能性：如果我們發現這些粒子來自同個位置，例如繞行臨近恆星的可居住行星，該怎麼辦？這將是多麼令人震驚的發現。

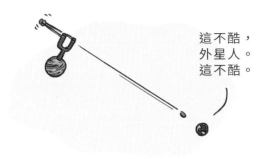

這不酷，
外星人。
這不酷。

★矩陣★

還有更瘋狂的想法。一些科學家猜測，我們的宇宙可能只是存在於某些宇宙計算機內的模擬。在一個更大的元宇宙裡，可能有生物正在用我們的宇宙進行實驗[13]。我們如何知道呢？由於跑我們宇宙的計算機有其限制，這種模擬可能會出現小故障[14]。如果這個模擬是透過把宇宙切割成巨型立方體，並在每個立方體內跑物理模擬器，那麼在許多立方體間超快速移動的物體，可能會得到奇怪的模

---

* 12 「洞」對於非常密集和堅實的東西來說，似乎是挺糟糕的名字。「黑質量」（black mass）會是較好的名字（mass另個意思是「彌撒」，如果黑彌撒聽起來不會像某種撒旦儀式的話就好了）。

* 13 是的，首先提出這個想法的是道格拉斯·亞當斯（Douglas Adams）。他是英國的廣播劇作家和音樂家，尤其以《銀河便車指南》（*The Hitchhiker's Guide to the Galaxy*）系列作品出名。但這個想法已經受到嚴肅的科學家認真對待。我們是說真的！

* 14 如果它正在跑視窗作業系統，讓我們祈禱程式不會當掉。

擬結果。換句話說，超高能量宇宙射線的方向模式，可以揭露我們
宇宙是否是模擬出來的。

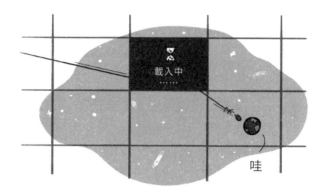

哇

★新作用力★

　　我們嘗試用不同方法來解釋超高能粒子，用的都是物理工具
箱內原有的宇宙物體和作用力。但是，長久以來我們還是無法解釋
超高能粒子的事實，表明了有另一種刺激有趣的可能性：也許是尚
未發現的新作用力創造了超高能粒子。如果真的如此，就必須有其
他原因來解釋，為何我們看不到新作用力對其他地方的影響。新作
用力並非不現實的想法，尤其最近發現，暗能量占了宇宙總能量的
68%，這顯示還有一些讓宇宙彎曲的作用力尚未發現。也許這些超
高能粒子就是線索，會向我們披露大自然全新的作用力。

加入我吧！這樣
我就會停止對你
連續發射粒子。

才不！

★普通的老物理★

當然，答案也可能相當平淡，並沒有揭示對宇宙本質的深刻洞察。超高能粒子可能來自處於生命週期某個階段的恆星或其他物體，而這個階段尚屬未知。對於喜歡研究星星的人來說這很有趣，但它並沒有告訴我們深刻的宇宙知識。不過，讓我們保留這個可能性吧！

如果是「駭客任務」中的外星人用來自黑洞的新原力，該怎麼辦？

技術上來說，我們不排除這個可能性。

鋁箔紙帽

★宇宙使者★

你可能一輩子都不曉得，你一直受到超級太空子彈的轟炸。如果你沒有閱讀本章，你本來可以繼續過著快樂的生活，幸福到不知道有這種奇怪的東西存在，而且正對著你發射超高能粒子。沒有人知道它是什麼，或是何方神聖。

很抱歉，現在已經為時已晚。就如同你在第八章〈時間是什麼？〉中學過的，你不能回到過去。但是，現在你曉得了，也許你會用這些知識再多看幾次天空，並提醒自己，宇宙裡還有許多令人興奮的奧祕。

別把這些宇宙射線當成意圖傷害你的子彈，要視它們為太空使

者。想想看：它們在太空中奔騰了數十億公里，帶來的資訊是關於我們從未見過，也從未想像過的瘋狂新事物。宇宙射線攜帶的物證，是龐大的能量處理過程，甚至有可能是新作用力、未知的宇宙機制，或是外星生命形式的線索。宇宙射線本身就是驚人的發現。

這是你絕對不想躲開的子彈！

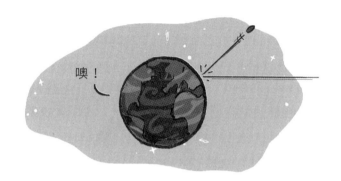

12

為什麼我們不是由反物質組成的？

答案不會令人大失所望

　　數學和物理學有非常密切的關係，它們就像長期室友一樣，通常處得很好，但有時會爭吵誰得吃掉誰剩下的食物[1]。

　　舉例來說，物理學依賴數學來表達物理定律，像是 $E=mc^2$，物理學也依賴數學來進行重要計算，譬如，「在室友發現之前，我可以切的蛋糕能有多大塊？」數學是物理學的語言，就如同英語是莎士比亞的語言一樣。如果你不會數學，你將發現閱讀物理十四行詩是相當痛苦的事[2]。不過，物理學家即使懂數學，詩卻通常寫得不怎麼高明。

數學很硬斗。

物理　數學

---

*　1　瞧！如果數學把美味的巧克力蛋糕留在冰箱裡好幾天，就不能算是物理學的錯。

*　2　「能不能讓我來把你比擬作一個美麗夏日的無窮級數和？」引自《艾薩克・牛頓的遺詩》。

另一方面，數學依靠物理學來展現長處。沒有物理學，數學會局限於抽象概念，如虛數和大額退稅。物理學也可以激發數學家發現新的數學問題。例如，數學中的許多新見解來自於弦論的發展，而弦論是終極物理學理論的候選人。

有時候，直覺阻礙了我們對於物理世界的理解，在這種情況下，最好依靠數學的引導。例如，在我們試圖理解量子粒子或所得稅表的奇怪表現時。在這些情況下，你能做的只是讓數學領導一切。倘若你正確掌握了數字，那麼可以精確描述事實的是數學而不是直覺。你也許會得到莫名其妙的結果，譬如你會得到金額高達十二萬億美元的退稅，或量子粒子可以出現在不可穿隧障礙的另一邊，但如果數學是正確的，那就是會發生的事。

相信我。

但事情並非總是如此。有時候，我們必須排除不具物理意義的數學預測。例如，假設你經營蛋糕公司，並且正為巧克力蛋糕測試新的投射傳輸系統。你需要用多快的速度發射蛋糕，才能讓蛋糕遵循拋物線軌跡，恰好落在客戶門口？要計算這個問題，你需要解決像這樣的方程式：$y=ax^2+bx+c$，來計算巧克力蛋糕高射炮的射擊速度和發射角度。因為方程式中有 x^2 項，所以蛋糕落地有兩個解。

其中一個解有物理意義，這個解能發射巧克力蛋糕，完美送達這美味無比的甜點。然而，第二個解會給出無意義的答案：它會告

訴你，初始速度應該是負的，這表示你必須把蛋糕朝反方向直接往地上打。這是正確的數學解，但不是物理解。這個解的存在是因為，數學方法使用的問題模型，並沒考慮到系統裡所有的物理限制，例如蛋糕必須抵達客戶門口。求解時也沒有考量巧克力蛋糕滿天飛舞的安全問題，不過我們在這本書裡只關心物理。

蛋糕快遞

解一　　　　　　　　　　　　解二

在某些情況下，例如在這個即將失敗的蛋糕投射想法中，有一個解明顯是真的，但應該忽略另一個負值解。物理學家已經相當習慣這些情況，並且例行性的排除無物理意義的解。因為物理學家認為，這些無物理意義的解是數學假象，不是對我們宇宙的真知灼見。

然而自以為是的物理學家（和蛋糕企業家）請注意，因為某些數學假象可能是真實的，而諾貝爾獎（和蛋糕利潤）正等著要因此頒出去哩。在本章中，我們將討論負值解如何導致反粒子和反物質的發現，以及在享用完慶祝諾貝爾獎的巧克力蛋糕將近一百年後的現在，與它們相關卻仍未解的問題。

★鏡像粒子★

反物質的故事始於名叫狄拉克的物理學家，那時他正在研究量子力學方程式，這個方程式是用來描述非常高速運動的電子。

狄拉克的小常識：

- 1933 年諾貝爾物理獎得主
- 找不到工程師的工作，
  而成為物理學家
- 愛因斯坦認為他很奇怪

早些時候物理學家發現，量子力學方程式可以描述懶惰且緩慢移動的電子。這是二十世紀初期量子力學革命的一部分。量子力學要求我們徹底重新思考，在最低層次的真實本質，並迫使物理學家放棄原本對世界簡單的假設：東西不能同時在兩個地方出現，以及精確的重複相同實驗，應該得到相同結果。碰！腦袋爆炸！

每個東西都是波。

腦袋爆炸了。

但是，二十世紀初的物理學家不只一次，而是兩次打破了我們對宇宙的天真觀感。在瘋狂的量子力學哲思上，還出現了相對論的革命。相對論揭示宇宙速限（見第十章〈我們能以超光速移動嗎？〉），這表示我們必須放棄長久以來，對宇宙和其他事情抱持的固有觀念。這個古老觀念即：時間是普適的，而且誠實的人對事情發生的順序，永遠有相同看法。

狄拉克看著量子力學與相對論所使用的瘋狂數學，這些數學描述了兩種反直覺又不尋常的物理，他反問自己：「如果把它們結合起來會怎樣？」如果他當時只希望得到更加瘋狂的想法，那他確實

重力是時空的扭曲。

腦袋再次
爆炸！

得到想要的了。

他開發了一個方程式（想當然耳，稱為狄拉克方程式），結合了量子力學和相對論，來描述電子高速移動時的行為；狄拉克方程式既優雅又美麗，而且似乎運作得很好，除了有一個小問題[3]。

狄拉克注意到，他的方程式除了適用於日常帶負電荷的電子之外，也適用於具有相反電荷的電子[4]。也就是說，他的方程式表明，物理定律同樣適用於帶正電荷的電子，他稱這樣的電子為「反電子」。反電子在許多方面就像電子：具有與電子相同的質量，並且可用同樣的量子特性描述，但電荷相反。在當時，這相當令人費解，因為並沒有人觀察到反電子。

-1　　　+1

唷喔！　　　喔唷！

有些人可能會把這樣的發現視為數學假像，並當成應該忽略的負值解來排除。但狄拉克相當好奇，如果這不僅僅是數學算到瘋

---

*　3　請注意，狄拉克統一了量子力學與「狹義相對論」（粒子以接近光的速率在平坦時空移動）而非「廣義相對論」（粒子在受大質量扭曲的時空中移動）。統一量子力學與廣義相對論，仍然是道難題。

*　4　更瘋狂的是，狄拉克方程式也適用於帶負電荷的正常電子的逆時間移動。

了，而是與現實有關的東西，該怎麼辦？畢竟，有什麼物理定律會禁止反電子存在？就他所知，並沒有。

事實上，狄拉克進一步推廣了方程式，提出所有的粒子都有相對應的反粒子。

所以，狄拉克不只是預測了一個新粒子，而是預測了一種全新形態的粒子。這可不是什麼微不足道的想法。從表面來看，每個粒子都有一個相反的版本，就像電影中的善良角色有邪惡的雙胞胎一樣，聽起來很瘋狂。對粒子來說，孿生反粒子不僅電荷不同，而且弱荷和色荷也都不同。在電影中，這表示如果善良的雙胞胎是高大、肥胖、褐髮，而且喜歡黑巧克力的，那麼邪惡的雙胞胎就會是短小、細瘦、金髮，而且是白巧克力的粉絲（是窮兇極惡的那種惡棍！）。

粒子與反粒子

電子　　反電子　　夸克　　反夸克
　　　　（正子）

體制　　反體制

這個想法相當瘋狂，但也恰好是真實的。事實上，科學家已經看到反粒子很多次了。狄拉克提出這個想法後不久，就有人檢測到反電子（稱為正電子）。今天，幾乎每個我們知道的帶電粒子，都已證實有反粒子。反粒子可以輕易在粒子碰撞中產生；例如，CERN 每年產生幾皮克（10^{-12} 克）的反粒子。太空來的宇宙射線有

時會含有反粒子，或在與大氣層相撞時產生生命期很短的反粒子。

反粒子是我們在最小尺度中，發現物理對稱性的好例子。你可以把正粒子與反粒子對視為硬幣的兩面，而非兩個毫不相干的粒子。要記住，在我們宇宙的組織中，粒子的複製版本能以其他方式發生：每個物質粒子已經有兩個較重的表親。例如，電子有兩個表親粒子：緲子和陶子。這兩個粒子與電子有幾乎相同的量子性質（如電荷和自旋），但具有更高質量。所以電子有兩種複製方式：重型表親和反粒子。當然，重型表親也有自己的反粒子。

粒子可能不會停止複製新版本！有個稱為「超對稱」的假設理論提議，每個粒子都有一種鏡像的超粒子，它與原始粒子相似（電荷相同，質量有可能相同）但量子自旋不同。宇宙中充斥歡樂屋的哈哈鏡，以不同方式來複製和扭曲粒子中的模式。

物理：把快樂建立在
「基本物質」上。

但所有這些新的粒子只會引起更多問題：為什麼我們的粒子有這些邪惡的孿生粒子版本[*5]？為什麼我們看不到新粒子在日常生活中飛翔？

*| 5　除了用來明顯飆高電視節目收視率之外。

★反粒子湮滅★

就像在科幻小說中突出顯眼的角色一樣，反物質可能常受到誤解。例如，你可能會聽說當粒子觸碰到它的反粒子時，會發生爆炸。聽起來很可笑，不是嗎？

其實，這個傳言已證實為真。

當粒子遇到它的孿生反粒子時，不僅僅互相擁抱套套交情，更是會完全互相毀滅：兩個粒子從此消失無蹤，它們的質量完全轉變成像光子或膠子的高能作用力載子。這就是我們所說的「湮滅」：原來的粒子都消逝了，半點痕跡都不留。這不僅發生在正反電子相遇時，也發生在正反夸克或正反緲子相遇時。把粒子和它的邪惡雙胞胎放在一起，就能預期有激烈的戲劇化發展和巨大的能量釋放。因此，反粒子在科幻小說中最瘋狂的特徵，其實是真的！

這是重要的大事，因為有大量的能量儲存在質量裡。愛因斯坦著名的恆等式 $E=mc^2$ 說明了質量和能量的等效關係。請注意，在這個方程式裡，光速是平方的，而光速 c 本身已經大到每秒 3 億公尺，所以一點點質量就能夠帶來很多能量。兩個粒子完全湮滅時，會釋放出大量的儲存能量。具體來說，一克反粒子結合一克正

常粒子，會釋放超過四萬噸的爆炸力，這比美國在第二次世界大戰中投擲的原子彈還大兩倍。一顆普通的葡萄乾重約一克，因此葡萄乾加上反葡萄乾的組合，有可能會結出大量的脫水武器。

對你來說，湮滅可能是很奇怪的概念，因為物體變成光彩奪目的能量並非日常所見。兩個東西互相消滅，究竟是什麼意思？是兩個物體互相接近，進一步接觸後，碰一聲，就突然變成純粹的能量嗎？

水果有可能很危險

首先要記住的是，這些粒子是量子力學物體，並不真的是微小的圓球。有時你可以用微小圓球的圖像來理解粒子在做什麼，有時你必須使用量子波圖像，但兩者都怪怪的，而且偶爾也不適宜。就像在一年一度家庭聚餐出糗的叔叔伯伯那樣，沒錯，我想你心裡有數。

兩個粒子就算靠得很近很近，事實上也沒有互相接觸到，因為粒子並沒有表面。你可以想成在量子力學的層次，這兩個粒子合併了，並在消失後變成另一種能量形式。在大多數情況下，這種能量形式是光子。其他種類的粒子也可能會在這堆能量裡出現，這取決於碰撞粒子的能量。這正是大型強子對撞機裡發生的事，LHC透過粉碎普通日常生活粒子，來創造新粒子。

也就是說，在某種程度上，粒子間的交互作用導致原來的粒子湮滅為新粒子。正反粒子的不同之處，在於它們是彼此的鏡像版本，這代表它們具有相反電荷，所以會互相吸引，因此更有機會互

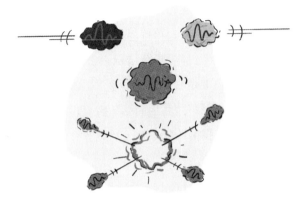

粒子粉碎中

相湮滅。同時，它們完美的互補，這代表它們可以湮滅成中性電荷的東西，例如光子。

　　還要記住一件事，粒子交互作用（或粉碎）時，某些東西是守恆的。例如，我們已經觀察到，電荷無法創造也無法破壞。粒子粉碎前後的總電荷必須相同。這是為什麼？我們不知道。我們不明白，為什麼這些守恆律存在；我們只是在實驗中看到這些模式，並把守恆律納入理論中。

　　當電子及它的反粒子（正子）彼此靠近時，它們具有的相反電荷（−1和+1）使它們更接近。一旦它們粉碎了，彼此的相反電荷也完全互相抵消，抹滅了自身存在的所有跡象，最終只留下光子。如果你試圖用任何其他粒子來做這件事情，比說兩個電子，那麼它們的負電荷會互相排斥。假使你用某種方式設法克服了排斥力，在粉碎之後必須保有兩個單位的淨負電荷（−2），才能守恆。因此，兩個電子不能完全湮滅為一個中性光子。

　　電荷並不是我們唯一觀察到的守恆量。你可能會想知道，電量相等但電荷相反的任兩個粒子，是否可以彼此湮滅（例如，帶 −1

電荷的電子和帶 +1 電荷的反緲子）。答案是「不能」。我們的宇宙
對於互相湮滅似乎還有一條規則：「電子數」和「緲子數」必須守
恆。你不能用非電子來破壞電子。電子只能跟電子的反粒子（正
子）互相湮滅[6]。這個守恆律也適用於電子的所有其他表兄弟：緲
子和陶子。

　　而且不止這樣。守恆量有一整個列表（例如由三個夸克組成，
也就是「三夸克數」[7]的粒子，數目要守恆），每個守恆量都來自
於觀察什麼樣的粒子會發生交互作用，什麼樣的粒子不會。這些規
則彷彿把總湮滅限於粒子與反粒子間的粉碎。

湮滅過程中的守恆量

電子數

三夸克數

驚奇指數

尼斯湖怪數

　　為什麼宇宙有這些奇怪的規則？我們不曉得。也許有一天我們
可以證明，這些規則不過是從更簡單扼要的粒子理論推導出來的自
然結果。但就目前來說，這些規則顯然表示反粒子握有關於宇宙基
本規律的重要線索。

---

*　6　或電子微中子，它也具有電子數。電子與反電子微中子，可以製造出 W 玻色子。

*　7　具有三個夸克的粒子（如質子和中子）稱為重子，所以「三夸克數」通常稱為「重子
　　數」。

★反你★

所以，反粒子是粒子奇怪的影子雙胞胎，它們互相湮滅，就像迷你綜合格鬥戰士，一碰到就決鬥致死那樣。你相信嗎？真相其實更有趣。

事實證明，反粒子可以像正常粒子一樣，經由組裝形成更複雜的反粒子版本。例如，你可以經由組合兩個反下夸克和一個反上夸克，製造出一個反中子。此時產生的反中子跟中子一樣，都是電中性的，但內部由反粒子製成。你可以透過組合兩個反上夸克和一個反下夸克，製造出一個反質子。反質子就像質子，但帶有負電荷，因為它的內部是由反粒子製成的。

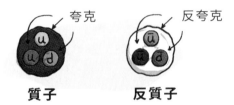

質子　　　　反質子

更奇怪的是，一旦你有了反電子、反質子和反中子，你就有機會製造反原子！正電荷電子和負電荷質子的行為，就像它們相對應的正常物質，只不過電荷相反。如果你把反質子與反電子放在一起，反電子會繞著反質子做軌道運行，於是你得到了反氫！

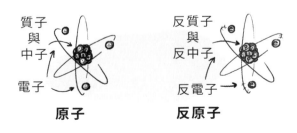

原子　　　　　反原子

　　理論上來說，如果你把足夠的反粒子組裝在一起，就可以做出所有「反東西」。例如，也許你可以把兩個反氫與一個反氧結合成反 H_2O 或「反水」。反水的外觀和感覺與普通水一樣，只不過如果你喝了它，就會爆炸成耀眼閃光。我們承認，喝了反水也不會提神。

水　　　　　反水

　　但為何要停在這一步？如果你可以製造反水，你也可以製造出任何原子和分子的相反版本，甚至可能做出反化學、反蛋白質和反DNA。

　　也許還有另一個地球，上面有看起來與你相同的另一個你，但卻是由反物質製成的。這個反你可能正駕著反車，住在反屋裡，甚至在閱讀本書的反版本，這本反書由反紙張製成，充滿了真正有趣的笑話[*8]。

書　　　　　反書

　　其實，對於物質而言，根本沒有所謂的基本「物質」，對於反物質來說，也沒有所謂的基本「反物質」。如果情況倒過來，我們基於某種原因由所謂的反粒子組成，那麼我們可能會把反粒子稱為

「物質」，而把正常粒子叫為「反物質」，因為那些稱謂都不過是任意創造的。換句話說，我們可能是那個邪惡的雙胞胎！（請下震撼的出場音樂）這不是終極大逆轉的結局嗎？

　　當然，所有這些反粒子和反物質的討論都指向一個問題：反物質到底在哪裡？

★反物質的奧祕★

　　我們知道反粒子存在，狄拉克方程式可以很好的描述反粒子在高速移動下的行為。但這並不表示我們完全理解反粒子。事實上，這個奇怪的宇宙現象反而引起了更多問題。

　　例如：為什麼反粒子會存在？我們的近代粒子理論需要反粒子，但你也可以想像其他包含更多種奇怪雙胞胎（也許是邪惡的三胞胎，或者是惡毒的四胞胎）理論。

劇情變得錯綜複雜

　　其他問題包括：反粒子是否恰好與正常粒子完全相反，還是在行為、質地、風味或巧克力偏好上，有微妙差異？正反粒子感覺重力的方式是否相同，亦或相反？

　　但在這些問題中，最大的問題是一個簡單的問題：我們的世界

為什麼是物質組成的，而不是反物質組成的？

如果你有把握能正面處理諸多大哉問的負面情緒，請繼續閱讀下去，以了解更多關於這些問題的奧祕。這部分免費奉送喔！

★為什麼我們不在反宇宙裡？★

物質和反物質之間有非常大、極重要，且又十分明顯的區別：物質無處不在，反物質無處可尋，也就是說，宇宙擁有的物質似乎比反物質還多更多。

如果正反物質都是一個樣，只是相反版本，那麼我們預計在大霹靂期間，會產生相同數量的正反粒子。讓我們照著這個劇本走，看看它會引領我們到何處：如果每個正常粒子都有一個反粒子，那麼最終所有粒子都會碰到資深的反粒子，並互相湮滅，最後把宇宙中所有的物質都變成光子。既然你還活著而且正在讀這本書，也很確定你不是光組成的[*9]，我們知道終極湮滅這件事並沒有發生。因此在我們的宇宙裡，物質必定比反物質得到更多偏愛。

這種不對稱至少可以用兩種可能性來解釋。

---

*｜9　你很棒，但你不是像「光」那麼棒。

第一種可能性

　　大霹靂期間產生的物質比反物質多一些。雖然絕大多數的正物質都徹底湮滅了，但是當反物質全用完後，還剩下微量物質，這些餘留物質創造出所有的星系、恆星、巧克力蛋糕，和存在至今的暗物質。

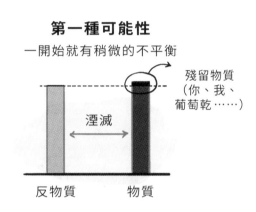

第一種可能性

一開始就有稍微的不平衡

殘留物質
（你、我、
葡萄乾……）

湮滅

反物質　　　物質

　　這個可能性解釋了我們看到的現象，但它並沒有涵蓋核心概念。它把原來的問題：「為什麼現今的宇宙是物質組成的，而不是反物質組成的？」轉成另一個問題：「為什麼宇宙在開始時，物質比反物質更多？」不幸的是，我們也不知道如何回答這個問題。（此外，大多數有關早期宇宙的近代理論，並不支持正反物質在初始生產時，有任何不對稱性。）

第二種可能性

　　大霹靂期間產生了相同數量的正反物質，但隨時間演變，粒子本身的某種因素，導致物質比反物質更多。

　　如果有某種物理反應，破壞反物質的速度比破壞物質的速度快，或創造物質的速度比創造反物質的速度快，那麼這個可能性有

機會發生。由於粒子一直受到創造和破壞，即使創造或破壞正反粒子的方式只有微小差異，也可能會累計成巨大的不平衡[*10]。

第二種可能性
原本數量相同，但隨時間過去，反物質全部消逝了

反物質　　　物質　　　　　反物質　　　物質

　　第二種可能性似乎很有希望是真的。但是，宇宙有多大機會傾向於擁有、製造或保存物質而非反物質[*11]？大多數物理是完全對稱的。而且就我們所知，正常粒子可以做的事，反粒子都可以做。例如，中子可以衰變成質子、電子和反微中子（這個反應稱為核β衰變，且常常發生）。反中子可以用同樣的方式，衰變成反質子、反電子和微中子。

　　也許這個傾向很小。物理學家在研究粒子的創造和解構時，尋找粒子在正反物質之間來回振盪的微小不平衡。不幸的是，雖然物理學家找到一些不等式的蛛絲馬跡，但離我們現今看到的巨大不平衡，還有極大的差距。

---

* | 10 宇宙沒有假期。永遠沒有！
* | 11 如果你認為「正反物質不對稱的創造和破壞」，與「大霹靂期間產生的正反物質初始數量並不對稱」兩者同樣奇怪，你的感覺是很正常的。但前一種情況，我們能用現今科技來測試並研究。

所以，一定有其他原因可以解釋，為何宇宙更偏好物質而非反物質。無論是什麼理由，都可能給我們提示：為什麼一開始會有兩類粒子存在。但至今，我們完全毫無頭緒。

★等等，也許反物質在其他地方★

也許我們都錯了！也許宇宙中有相等的正反物質，只是分到了不同區域？地球及其鄰近地區絕對是由物質構成的，但如果反物質出現在其他地方呢？

物質和反物質是如此的相似，我們不能透過觀察來自遙遠恆星的光，來判斷它是由物質或反物質構成的。兩種類型的恆星都會有相同的核反應，並以相同的能量以及相同的方式產生光子。

讓我們從家裡附近開始找起。我們知道地球上沒有大量的反物質，因為地球是由物質組成的，任何反物質在地球上都會爆炸。讓

我們進一步申論：在地球附近的太空裡可以有大面積的地方充滿反物質嗎？太陽系裡的行星可以由反物質組成嗎？

當然不可以！請牢記，物質和反物質聚集時會發生什麼事情：它可是比裙帶政治的爭議更加勁爆。例如，如果月亮是由反物質組成的，那麼每當遇到物質流星的時候，會有龐大的爆炸和巨大的閃光。一個葡萄乾大小的流星會引起原子彈般的劇烈爆炸。由於地球和月亮不斷遭到大大小小的物質流星轟炸，但如此戲劇化的爆炸並未發生，因此我們至少知道，地球和月亮都不是由反物質製成的。

火星和太陽系中的其他行星也是如此。如果火星是由反物質組成的，那麼我們會一直看到爆炸光芒。事實上，如果在物質地區附近有任何明顯的反物質分布，就會在正反物質區域的邊界，看到連續的湮滅和光子釋放。我們沒有看到這樣的現象，所以可以很有自信的說，太陽系確實是由物質組成的。

要記得，我們還派遣了由物質組成的物體（包括人類）去探索太陽系，並沒有任何物體瞬間湮滅成輝煌的光芒[*12]。

由於我們未看到巨大爆炸事件，
因此反物質在宇宙中，
並沒有大面積的存在。

*| 12　或還沒觀察到！

　　天文學家擴大了搜索範圍，尋找在銀河系裡全由反物質組成的太陽系。目前為止，我們還沒看到從正反物質區域界面發出的明亮閃耀光子。天文學家甚至考慮了另一個可能性：星系全由反物質製成。但如果反星系存在，我們將看到，來自兩種類型的星系粒子湮滅，點亮了正反物質星系之間的空間。目前，這個觀察技術已經發展得相當成熟，天文學家相信，我們整個星系團都是由物質組成的。

　　目前為止，這是我們直接觀察的極限。但我們還不能肯定的說，宇宙全是物質構成的。因為星系團之間的空隙很大，如果正反物質的邊界在空隙內，那麼湮滅光將會太微弱，以致於無法看到。

　　儘管如此，宇宙的其餘部分似乎也是由正常物質構成的。要把宇宙分離成正反物質星系團，要在早期宇宙就把正反物質遠遠隔開，這將產生一系列的新問題。

　　總而言之，在我們可觀察的宇宙中，我們沒有任何證據證明反物質大量存在。我們為何只觀察到物質而不是反物質？這個問題仍然懸而未決。

令人費解的東西

反物質

男性乳頭

你的
小腳趾頭

貓

★中性物質★

　　每種粒子都有反粒子嗎？到目前為止，每種帶電粒子都有明顯的反粒子。不過，談到中性粒子，答案就不太清楚了。

　　例如，無電荷的光子沒有明顯的相反版本（反光子）。有些人會說：「光子是它自己的反粒子」，這彷彿更像在逃避問題，而非正面回應。就像說你是自己最好的朋友，是否代表你沒有朋友？Z玻色子和膠子也沒有明顯的反粒子。你可能會注意到，這些都是作用力載子，但帶電的W粒子也是力載子，而且W粒子有反粒子。為什麼有些粒子有反粒子，有些卻沒有？我們不知道。

　　物理學家認為電荷為零的微中子可能有反粒子，反微中子帶有與弱核力（稱為「超荷」）相關的相反荷量。但微中子是神祕的小粒子，難以研究，所以有可能微中子也是自己的反粒子。

俺是反我。

光子是自己
最糟糕的敵人。

★我們要如何研究反物質？★

　　用反粒子構建反物體是非常有趣的想法。這會非常酷，也很有教育性：我們可以學到正反物質間的區別，也有助於解釋為何反物質會存在。

　　不幸的是，製造反物體（由反粒子組成）的實驗非常困難。

用正常物質構建物體已經夠困難了（為了製作巧克力蛋糕，你需要 10^{25} 個質子、10^{25} 個電子和大量的愛心），而且還不需擔心烘焙計畫會在與正常物質的單獨粒子接觸時爆炸。

至於反物質，科學家最近才成功的在實驗室裡把反質子和反電子恰當的放在一起，形成反氫。2010年，科學家成功的用反氫創造了幾百個原子，並把它們困在磁陷阱內大約二十分鐘[13]。這個技術非常令人印象深刻，但仍然不足以回答我們關於反物質的所有問題。想像一下，如果你只能在幾分鐘內看到少量氫原子，那麼對宇宙的了解一定相當有限。

我們正在取得長足的進步，但是除非在製造反物質及其安全存儲上能做得更好，否則可能不會學到更多東西。目前，我們每年只能在 CERN 生產幾皮克的反物質，這代表我們需要數百萬年，才能產生相當於半個葡萄乾大小的反物質。即使這樣，我們也需要發明某種形式的非接觸式容器，有可能是使用電磁場。

★好奇物質★

現在，我們知道了一些與反物質有關的事情。我們知道反物質

存在，它與物質相反，而正反物質相遇時可以湮滅變成光。我們並非全無概念。

但是，我們對反物質的了解那麼少，我們不知道的部分卻那麼多。首先，我們不知道反物質為什麼存在。反物質的存在會給我們關於物質組織方式的線索嗎？還有其他形式的物質嗎？而且，雖然正反物質之間似乎有很大的對稱性，但宇宙絕對對物質有特別偏好。

所有這些問題都可能讓你更留心反物質。很明顯的，你不想觸摸它，但想想我們可以從反物質身上學到的那些很酷的東西。

例如，我們還有個大哉問是：反粒子是否像物質粒子一樣感受到重力？

即使我們知道有反物質存在，而且現在的理論預測，它會像正常物質一樣感受到重力，實際上我們觀察到的反物質數量，還不足以讓我們回答這個基本問題。重力如此微弱，你需要非常大量的粒子才能量測到。但反物質如此稀少和不穩定，以致於幾乎不可能進行重力實驗。

宇宙
不喜歡我！

我真的很想拍拍你，
但那樣一來，
我們就會爆炸了。

反物質在
搞什麼呀？

*| 13 若以學術時間為單位，這是一個點心時間。

但如果正反物質感覺到的重力並不相同呢？請記住，反粒子的定義是指它們與粒子有相反的電荷、弱荷和色荷。反物質粒子是否可能有相反的「重力荷」，並以相反的方式感覺到重力？想像一下，如果這是真的會怎樣？如果我們以某種方式弄清楚如何用「反重力」特性來創造和利用反物質，那些你孩提時幻想的飛行汽車和反重力靴，就可能真的得以實現！

如果發生這種情況，我們可能想把這個東西的名稱從「反物質」改為「炫物質」。

有了反重力靴，誰還需要數學？

13

這章發生了什麼事？

好難懂啊！

14

大霹靂時發生了什麼事？

大霹靂之前又發生了什麼事？

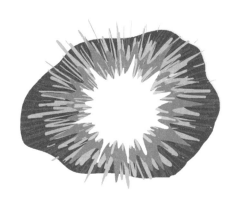

如果有人告訴你，你出生在一團神祕之中，會不會勾起你的興趣？如果你被告知，你在地球上一出現時就是嬰兒，沒有人知道你到底是在試管中培養、在工廠裡組裝的，或是外星人製作出來的，你不會覺得驚慌嗎？

知道你來自哪裡，以及你如何成為現在的你，是構架你的身分認同不可或缺的部分。你怎麼被孕育的以及如何誕生的，可能自然的烙印在你腦海裡，向你保證，你的存在是正常的，你是宏觀歷史的一部分。

但是宇宙並非如此。

我們的宇宙肇始於大約140億年前（稍後我們會談到這是怎麼

知道的），如果說宇宙的肇始高深莫測，可能還嫌過於保守。科學家認為，他們知道宇宙一誕生後發生了什麼事，宇宙是在一場巨大的爆炸中誕生的，這場爆炸稱為「大霹靂」。但是，科學家不太清楚宇宙誕生當下的事、造成的原因，以及在那之前（如果有的話）發生了什麼事。

我們將在這章談論，關於這個非凡事件我們所知道的以及不知道的所有事情。先劇透一下：宇宙可能不是在試管中培養長大的。

★我們如何知道關於大霹靂的一切？★

在這種情況下，很適合再次提醒自己，科學是有極限的。科學是很有用的工具，它能夠回答許多不同類型的問題，但也有局限：科學理論必須做出可測試的預測，才能在實驗中得到驗證。例如，如果你有一個理論描述你家貓咪的行為，你可以用發泡膠子彈玩具槍射擊貓咪，來測試並觀察牠的反應。

科學對於某些事情是好的。

如果理論不能用實驗進行測試，那麼它就屬於哲學、宗教或純粹猜測的範疇。例如，有人可以提出這樣的理論：在銀河系與仙女座星系之間的宇宙深處，飄浮著一隻粉紅的凱蒂貓玩具。這是堅實

的物理理論，但我們目前的技術無法測試。所以這個想法目前不是科學，深太空凱蒂貓的信徒仰賴的是信仰或其他論證。

深太空凱蒂貓
正在守著我們。

　　在歷史上，理論已經多次跨越非科學與科學的界限。遠在我們擁有技術檢測原子之前，我們早有物質是由微小原子構成的想法，而透過創造出威力更大和洞察力更深的新工具，已經使原子問題從哲學變為科學。

　　大霹靂的情況正是如此。

　　不久之前，關於宇宙早期時刻的討論，還只是純粹的猜測。畢竟，你如何研究140億年前發生的事情？更重要的是，你如何進行實驗來驗證你的理論？我們無法為了科學上的需要就重演大霹靂。

　　幸運的是，大霹靂留下一大團混亂，裡面有各式各樣的線索和碎石瓦礫，供我們詳細分析。在過去的半個世紀裡，我們的科技、數學和物理理論，已經有了長足的進展，我們已經開始把大霹靂期間發生的事情，以科學方式來探討。只要對瓦礫中找得到的事情進行預測，就可以對大霹靂理論進行測試。即使事件發生的年代久遠，只要答案未知也可以算是預測。

但是我們有這樣的能力並不代表我們知道關於大霹靂的一切，尤其是關於大霹靂之前發生的事情。要釐清我們不曉得的「大霹靂」，得先來談談我們確實知道的部分。

★我們對大霹靂了解多少？★

科學家在二十世紀初觀察到所有星系都在遠離我們（這表示宇宙正在擴張），因此有了大霹靂的想法。

宇宙學家試圖透過愛因斯坦廣義相對論的方程式，來理解這個觀察結果，廣義相對論描述了空間和時間如何與重力運作，並發現這些方程式可以很容易描述出一個不斷擴張的宇宙。但他們也發現了一些奇怪的事情。如果你在時間軸上盡可能把擴張往回推，那麼這個方程就會預測到幾乎完全不同於我們直覺的東西：整個宇宙容納在一個單獨點上，一個奇點，它的質量非常大、體積為零、密度無限大且不可能停車。

　　從微小的種子成長到我們今日所見的廣闊宏偉宇宙，就是我們所說的大霹靂，我們宇宙的起源。

　　聽說過大霹靂的人，大概都認為它就像是炸彈引爆般的大爆炸。他們認為，在大霹靂之前，宇宙中的一切物質都擠進了一個很小的體積，在大霹靂之後，所有物質都飛向太空中，導致我們今天看到的宇宙。

　　倘若你覺得，你很難相信所有現存的東西都曾擠進一個無限小的點，然後向外爆炸，那你就說到重點了。大霹靂期間發生的事情比這更複雜，充滿了許多未解之謎。請繼續讀下去，找出是什麼奧祕。

★大奧祕一：量子重力★

　　讓我們從頭開始。我們的宇宙曾經是一個無限小的點，這合理嗎？今天所有存在的東西都曾經在同個地方，壓縮至體積為零嗎？事實上，根據廣義相對論，這是合理的。

　　但是，我們在構想和發展完廣義相對論之後才理解，宇宙在這個最小的距離上布滿了奇怪的量子物體。這些量子物體遵循十分怪異、違反直覺，且隨機的規則。當質量變得如此密集，而量子力學

效應變得重要時，廣義相對論的預測應該會失敗。就像在宇宙的早期時刻，當東西真的曾遭擠壓進難以置信的微小空間時。

有時你不能從理論一路推導出有邏輯的結論。想像一下，如果你測量了貓在一段時間內成長的速度，然後試著反推貓過去的成長曲線。如果只顧著討論牠的大小，你可能最終會給出預測，說你的寵物曾經是無限小的貓奇點，或如果你完全忽略了物理邊界，還會推測出牠的大小曾經是負的。那將會是大災難。

為何貓咪不做物理

廣義相對論和大霹靂也是如此。由於我們沒有量子相對論，所以不知道如何計算或預測在早期宇宙中發生了什麼事。這代表大霹靂開始於奇點可能是不準確的圖像；在這些早期時刻，量子重力效應占了主導地位，但我們不知道如何描述當時的量子重力。

★大奧祕二：宇宙太大了★

　　要把大霹靂視為從原始小團塊爆炸出來的簡單看法，還有另一個問題。即使宇宙是從無限小的點或一小滴量子濃湯長成，仍然有些東西與我們所看到的不同：宇宙比預期的大。

是荷爾蒙
造成的。

　　要了解這一點，我們先來想想我們可以看到多少宇宙。不要局限在你手中的書、你腿上的貓或窗外的世界，想想遙遠的恆星。如果你有很強的望遠鏡，能夠捕捉從這些遠距恆星發出到我們這裡的光線，那麼你可以看得多遠，答案取決於宇宙的年齡。

　　看到某些東西，表示你捕捉到光子，光子從你嘗試看到的東西出發，然後進入你的眼睛（或望遠鏡）。但是，由於光子有最高行進速限（它們只能以光速行進），所以當你看到非常遙遠的東西，代表光子從發射的瞬間到受你捕獲之時，已經過了很長一段時間。

　　所以你能看到的最遠距離，取決於宇宙從開始以來經過了多少時間。

　　如果宇宙從五分鐘前開始，那麼你看到的最遠距離將是光速乘以五分鐘，也就是大約9千萬公里[*1]。這數字聽起來好像很大，但這表示你最遠只能看到水星。

　　這是「可觀測宇宙」。你可以看到的一切，都必須在以你的頭為中心的球體內，半徑是自宇宙誕生以來，光可以走過的距離。如果那個球體表面上的某個點，在可能是宇宙最初的時刻傳送光子給你，這個光子就只能在現在抵達；這個距離定義了我們的視野邊界。

　　光線若來自於這個球體之外的恆星、行星和小貓，就統統尚未到達，所以沒有任何望遠鏡可以看到它們。無論再怎麼亮的超新星，或像巨行星大小的粉紅凱蒂貓，只要座落在球體範圍之外，我們就看不到。奇怪的是，這個概念讓我們的宇宙觀又回到了過去古老的想法，只不過現在我們每個人都在自己的可觀測宇宙中心！

從宇宙初始，這些物體的光線有足夠的時間能到達我們這裡。

現在

可觀測宇宙

這些物體的光尚未到達我們這裡。

　　隨時間的推移，這個球體向外擴張，於是我們可以看到更多宇宙。每年我們都可以看得愈來愈遠，因為我們允許更遠的物體光線到達。這個資訊以光速傳遞，這表示我們的視野邊界也以光速增長。

---

*| 1　前提是空間本身沒有擴張，這一點我們很快會討論到。

但同時，宇宙中的一切也都在遠離我們，所以我們的視野邊界和望遠鏡目標之間有一場競賽。這場競賽的勝負有多接近？我們的視野邊界正在以光速增長，但東西在宇宙中穿越空間的速率不能比光速快（根據相對論）。

所以如果宇宙中的一切事物都是從一個微小但有限的量子點開始，而且就只是在空間中移動，遠離大霹靂，我們的視界應該擴張得比恆星及宇宙小貓遠離我們的速率還快，以致於我們會得到愈來愈長的視野。很快的（如果這還沒發生的話），我們的視界會比整個宇宙都大。

這看起來會是什麼樣子？當我們的視界大於宇宙時，這表示我們可以觀察到不再有恆星的邊界之外（或是過去沒有星星的地方，因為我們看到的是很久以前發生的事）。我們會看到虛空之處：星星的終點。

但我們往每個方向看，並看不到星星的終點。即使自宇宙開始至今已經有140億年的歷史，宇宙仍然比我們的視界更大。顯然，我們認為宇宙的一切都是從一個小團塊開始，只是在靜態空間中向外移動 *2 的想法，有些不太正確。而且問題會變得更糟。

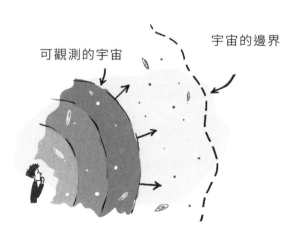

可觀測的宇宙　　　　　宇宙的邊界

★大奧祕三：宇宙太平滑了★

宇宙裡的一切在大霹靂期間從一個小起始點開始往外移動，這個想法還有其他問題。問題就是：宇宙太平滑了。

宇宙表面上可能看起來令人敬畏且混亂，但它其實也有某種普遍的均勻性或一致性。我們可以在宇宙微波背景（CMB，第三章〈暗能量是什麼？〉有講到）中看到這種一致性。

想了解這點，讓我們一起看個例子。想像你餓了（記得告訴朋友，閱讀物理書會燃燒很多熱量），並決定用微波爐加熱糕點。眾所周知，幾分鐘後，糕點的中心部位會非常燙，但外圍不怎麼燙。

現在想像你在糕點裡，測量糕點受微波後的溫度。

如果你站在糕點的中心，會發現四周的溫度是一樣的。

相同溫度

但是現在想像你站在糕點中心的旁邊。如果你測量了最接近糕點中心的溫度，會發現它真的很熱。但是，如果你朝靠近糕點邊緣的方向測量，會發現溫度較低。

比較冷

比較熱

你可以從我們這個叫做地球的地方，對宇宙做同樣的事。我們可以測量並比較撞擊地球兩側的CMB光子溫度。結果發現令人驚訝的事實：無論往哪個方向看，溫度都一樣（約 $2.73K^{*3}$）！

　　我們似乎不太可能站在受微波加熱的宇宙正中心，只能從測量數據裡得出結論：宇宙的溫度是相同且均勻的。也就是說，宇宙比較像已經放了一段時間的溫水浴，而不是剛用微波爐加熱的糕點。

溫水浴與宇宙

	溫水浴	宇宙
有水在裡面	✔	✔
溫度均勻	✔	✔
裝有橡皮鴨	✔	✔

　　為了理解均溫宇宙如何對純粹的大霹靂理論造成麻煩，我們首先要了解來自宇宙微波背景的光子代表的真正意義：它們提供了宇宙在嬰兒期時最早的照片。

　　早期的宇宙比今天更熱更濃密。當時的宇宙太熱了，即使原子形成，物質都會處在稱為電漿的游離離子狀態。電子自由呼嘯，有太多精力和太多樂趣，以致於無法忠於單一正電荷原子核。

　　但隨著宇宙冷卻，這個狀態在某個短暫時期並不存在：溫度下降到足以使帶電電漿變成中性氣體，電子開始繞質子軌道形成原子

---

*│ 3　譯注：K為凱氏溫標單位，2.73K即攝氏零下270.42度。

宇宙微波背景輻射

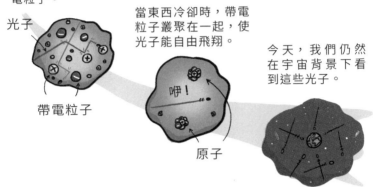

起初，宇宙是熱且濃密的，而且充滿了帶電粒子。

光子

帶電粒子

當東西冷卻時，帶電粒子叢聚在一起，使光子能自由飛翔。

咿！

原子

今天，我們仍然在宇宙背景下看到這些光子。

和元素。在這個過渡期間，宇宙從不透明變成透明。

　　當宇宙還在電漿相時，光子沒走多遠就會碰到自由移動的電子和離子。不過，一旦電子和質子（以及中子）形成中性原子，光子與它們的交互作用就少了很多，因此光子可以更自由的移動。對於光子而言，霧茫茫的宇宙突然變得清澈透明。而且因為從那時起，宇宙的絕大部分都變得更冷，所以那時期的光子大多未受影響，依舊飛舞至今。

　　這些光子，就是我們測量宇宙微波背景輻射時檢測到的光子。奇怪的是，不管在哪兒，這些光子的溫度似乎都一模一樣。

　　無論你往哪個方向看，都會看到同樣能量的光子。CMB非常非常的平滑。如果有東西經過長期混合、均衡並與任何熱點達成平衡，結果就會這樣。舉例來說，如果你把糕點放在微波爐中冷卻很長一段時間，就會發生這種情況：最終，所有分子的溫度都會大致相同。

均勻溫度

　　但請記住，CMB光子非常古老；它們可以回溯到大霹靂剛發生後，因此約有140億歲[*4]。如果你朝天空某個方向看，映入眼簾的是創造於140億年前，非常非常遙遠的光子。如果你往反方向看，你會發現光子也在另一個方向上創造了相同的距離。

　　如果這些光子來自宇宙的相對兩端，它們如何能擁有相同的能量？它們怎麼能有機會相互混合、交換能量來達到平衡？這些光子彷彿不得不以超光速傳遞，以便彼此混合，具有相同溫度。

你好！　　　　　　　　很高興
　　　　　　　　　　　再次見到你！

★暴脹的答案★

　　所以宇宙太巨大又太平滑了，無法起源於大霹靂，一切都不是只從一個小團塊開始向空間外移動的。如果我們在三十年前寫這本書，這可能是無解的大奧祕。但今天，確實有令人信服但完全瘋狂的解釋。你準備好了嗎？

---

*| **4** CMB光子不喜歡談論這個話題。不要問。

如果在宇宙創造之後的片刻，有段長度約為 0.00000000000000
000000000000000001 秒的時間，時空本身的結構以超光速[5]擴張了
約 10,000,000,000,000,000,000,000,000 倍，那會怎樣？

太棒了！問題解決了！

什麼？時空結構幾乎在瞬間就以超光速擴張了二十五個數量
級！你覺得這聽起來很荒謬，很像是虛構的嗎？如果你真的這樣覺
得，你也許不是瘋狂的物理學家。

事實上，物理學家提出這個理論來解釋，宇宙為什麼比預期的
還大，以及宇宙的溫度為什麼如此均勻。物理學家稱之為（請下鼓
聲）「暴脹」。好吧，這不是最令人欣賞的名字。但瘋狂的是，這
可能是真的。

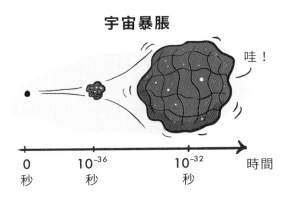

宇宙暴脹

哇！

| 0 秒 | 10^{-36} 秒 | 10^{-32} 秒 | 時間 |

首先，我們來談談如何解決宇宙太大的謎題。

要記得，問題在於，以光速增長的可觀測宇宙仍然比實際宇宙
要小得多，而實際宇宙的增長速度應該比光速慢。但是，暴脹論主
張，宇宙的擴張速率比光速要快，即使只快那麼一點點。

宇宙裡的東西一直遵循宇宙速限（它們從未在空間裡移動得比光
快），但根據暴脹論，空間本身確實擴張了，且以超光速製造新空間[6]。

這解釋了宇宙如何從微小有限的點開始，到現在能比可觀測宇宙要大得多。在暴脹期間，宇宙從可觀測宇宙的視界上飛過，把某些東西推到遠方，我們還沒收到這些東西發出的光。

空間擴張非常戲劇性：宇宙在不到10^{-30}秒的時間裡，變大了約10^{25}倍。在暴脹結束後，宇宙持續擴張，首先以較慢的速率擴張，但最近由於暗能量而加快擴張。現在可觀測宇宙仍然以光速擴張，因此它有機會趕上實際宇宙。但在可觀測宇宙之外，宇宙還有多少部分可以給我們看？我們不知道，但這是下一章的主題。

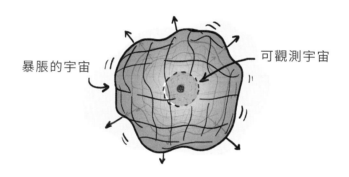

而暴脹如何解決宇宙太平滑的問題？

解決平滑光子問題，指的是為早期光子（來自宇宙不同端點的光子）找到一種混合方式，使它們能夠達到均勻溫度；這只在一種狀況下才會發生，就是這些光子在遙遠過去的某個時刻，彼此靠得很近，比以目前擴張率預測的還近。

暴脹解決了這個問題，暴脹理論指出，在時空迅速擴張之前的某個時刻，光子確實彼此更靠近。在暴脹之前，宇宙很小，所有光

---

*　5　「超光速」在這裡指的是新空間的增長，是說新空間距離增加的速率比光在空間移動的速率還快，而不是字面上的超光速移動，那是不可能發生的事。

*　6　記住，空間現在是個東西，而不僅僅是背景。詳見第七章〈空間是什麼？〉。

子都有足夠時間相互認識，進行平衡，達到相同溫度。

一旦暴脹發生，這些光子間的距離拉開了，距離大到我們以為它們不可能有相同溫度。雖然從我們現在的角度來看，它們彼此相距甚遠以致於無法交流，但在暴脹之前，它們彼此間的距離相當接近。

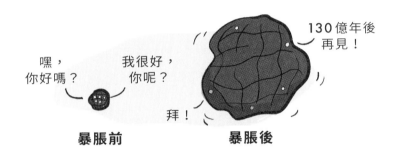

★我們解決了所有問題嗎？★

這個很荒謬且幾乎瞬間的宇宙伸展（就是所謂的暴脹），使一切都合理了。

令人驚奇的是，暴脹至今還在發生。雖然不是以同樣荒謬的速率，但暗能量仍在此時此刻持續創造新的空間。

最近，暴脹論從一個單純使所有數學計算合理有效的瘋狂理論，晉升成有實驗支持（但還未得到決定性的確認）[7]的觀察。

你可能會問，我們如何驗證140億年前發生的事情？其實，暴脹論預測了某種特定記號，這個記號來自宇宙微波背景的微小波紋，我們今天應該觀察得到，而且其中一些記號似乎存在於CMB實驗的測量中。當然，這並不表示我們確認暴脹是真實的，因為還有其他理論也可以預測這種擺動，但是這些結果為暴脹論加了點分量。

事實上，我們也是以此知道宇宙是在大約140億年前開始的。從這些波紋，我們可以估計宇宙中的物質、暗物質和暗能量的比

例，我們可以把它們與宇宙的擴張速率結合成模型。這個模型告訴了我們宇宙的年齡。

還有另一個理由讓我們喜歡宇宙暴脹這個想法。我們在第七章〈空間是什麼？〉中談到，空間是動態的，在說明空間受到宇宙中能量和物質的數量影響而彎曲時，我們告訴過你，這似乎是奇怪的巧合，只有恰當的物質數量和宇宙中的能量，才能使空間幾乎接近平坦。其實，暴脹使這個巧合不那麼奇怪，空間的擴張往往會使空間看起來更平坦。譬如，較大行星的表面，似乎比小行星的更平坦。事實上，暴脹論預測：空間在實際測量之前是平坦的。

太棒了！大霹靂得到了解釋。沒錯，我們必須發明瘋狂、瞬時和荒謬的時空擴張，才能讓一切成真，但實驗表明它確實（很可能）發生了。

不過，我們還是不知道造成暴脹的原因。

什麼原因可能導致微小的宇宙時空，突然荒謬的擴張二十五個數量級？我們不清楚。暴脹的大霹靂依舊奧祕難解，而我們才剛剛掌握到正確的問題是什麼。

誰把這個奧祕暴脹了？

---

*　7　更直接的證據就是觀察來自暴脹的重力波，但最近聲明的發現，後來顯示有誤。譯注：
　　BICEP2研究團隊曾在2014年宣稱偵測到太初重力波，但在2015年與普朗克（Planck）
　　實驗的共同分析結果顯示，這訊號與星際塵埃雜訊相符。

★警告：繼續下去會碰到哲學★

在這裡，我們必須離開科學理論的堅實基礎，跳入哲學和形上學的模糊世界。

現在，我們對這些問題的想法大多數是：不可測試和瘋狂（但令人興奮）的。也許在未來，聰明的科學家會想到辦法來測試它們，並發現一些令人震驚和奇怪的事實，來解釋暴脹和大霹靂的起源。

★是什麼引起了宇宙暴脹？★

我們真的不知道造成宇宙暴脹的原因嗎？

事實證明，物理學家確實有些想法可以用來解釋暴脹的起因。好消息是，根據其中一個想法，我們不需要發明任何強大的宇宙新自然作用力，只需要一種全新物質。沒什麼大不了的。

這個想法是：如果早期宇宙充滿了一種不穩定的新型物質，導致時空迅速擴張，那會怎麼樣？

看吧！是不是很容易？現在我們只要回答兩個簡單的問題：

1. 新型物質如何引起時空擴張？
2. 如果新型物質曾經存在，現在它們在哪裡？

就如同我們在廣義相對論和重力中提到的，普通物質可以彎曲和扭曲時空。在理論上，不同類型的物質也可能用同樣的方法導致時空擴張。

這會如何運作？嗯，重力幾乎總是吸引力，把質量拉到一起。但是，質量和能量的某些特性可能會把東西推開而不是拉近，因此有擴張時空的效果。你可以把它當成廣義相對論的附屬細則。這個特性是物質的能量動量張量的壓力分量。這聽起來很專業，但這表示特殊材料在某些條件（負壓）下能導致空間擴張。

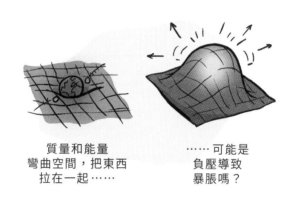

質量和能量
彎曲空間，把東西
拉在一起……

……可能是
負壓導致
暴脹嗎？

當然，這會讓你想知道造成暴脹的東西在哪裡，又為什麼暴脹停止了。答案是，這種造成暴脹的東西是不穩定的：它最終會衰變或分解成正常物質。

所以這個理論可能是這樣說的：也許早期的宇宙充斥具有負壓的物質，這種負壓非常迅速的推動了時空的擴張。最終，這種假設的暴脹物質變成了我們更熟悉的物質，結束了瘋狂的擴張，結果造成了充滿濃密正常物質的巨大宇宙。

這個負壓理論看似荒唐，但它能解釋是什麼導致了暴脹。同時請記住，暴脹在解釋了很多我們對早期宇宙不了解的事情之前，根

本就像是瘋狂理論。

　　當然，我們不知道這個奇怪的負壓物質是什麼，但負壓物質的概念並非無稽（以物理學標準而言）。宇宙因強大的排斥力，爆炸到荒誕不經的程度，這個想法在過去幾十年中，因暗能量的發現而變得不那麼荒謬。我們知道稱為暗能量的東西，正在使我們的宇宙擴張得愈來愈快（見第三章〈暗能量是什麼？〉），但是與可能引發暴脹的負壓物質一樣，我們也不知道暗能量是什麼。暗能量與負壓物質是否相關？我們同樣不知道。

神祕的能量

爹地！
起床。

暗能量　　　來自負壓的　　　四歲小孩週日
　　　　　　暴脹能量　　　　清晨的能量

★大霹靂之前發生了什麼事？★

　　關於大霹靂還有一個更大的奧祕，就像大霹靂本身一樣神祕。那就是，到底是什麼造成了大霹靂？在大霹靂之前發生了什麼？

　　如果我們把大霹靂看成是宇宙某個特定時刻，在那一刻，宇宙還是一個小點，所有時鐘的時間t=0，宇宙萬物就從這一瞬間爆炸，那麼問這個問題是合理的。

　　但現在我們已經用模糊的量子團塊（也許是小的，也許是無限的）來取代這個小點，爆炸已經由暴脹取代，然後是暗能量造成的擴張。所以雖然這個問題還是有意義，但必須在新的背景下重新說明。我們不問大霹靂之前發生了什麼事，我們應該問：量子宇宙暴

脹團塊從哪裡來？這個量子團塊是否不可避免的導致我們這樣的宇宙，還是有可能出現不一樣的宇宙？量子團塊是否會再次發生？以前發生過嗎？答案和往常一樣，我們不知道。

令人興奮的是，這些問題也許都有答案。如果我們有工具，揭露答案所需要的證據可能就觸手可及。在接下來的幾頁中，我們將探討宇宙起源的一些可能性，範圍從相當簡單的想法，到即使是科幻小說迷也覺得稀奇古怪的理論。

答案一、也許答案就是沒有答案？

不是每個問題都有令人滿意的答案，因為並不是每個問題都是好問題。「你死後會發生什麼事？」可能就是這樣的問題，因為這取決於「你」死後是否還有一個「你」。同樣的，「我的貓為什麼不愛我？」也可能是個爛問題，因為我們甚至不知道貓是否有愛。

即使是清晰的數學問題也可能屬於這一類。霍金曾經提出，當我們問：「大霹靂之前發生了什麼事？」就像問：「北極的北邊有什麼？」在北極，你走的每個方向都指向南，不再有北邊，這就是地球的幾何特徵。如果時空是在大霹靂的瞬間創造的，那麼時空的幾何可能代表，對於「大霹靂之前」的問題並不存在令人滿意的答案（也就是沒有「之前」這件事）。

每個小孩都知道北極的北邊有什麼。

就我們所看到的，宇宙似乎遵循物理定律，所以即使是大霹靂的創造也應該遵循物理定律。但是有可能從時空的角度來看，關於大霹靂之前發生的事，我們無法獲得可了解的必要資訊。大霹靂這個災難事件可能會破壞事件之前所有的相關資訊，沒留下任何證據以供發現。這個答案令人非常不滿意，但沒有規定說，科學答案都要讓我們感覺良好。

答案二、也許一路下來都是黑洞

如果我們接受暴脹論，那麼中心問題是，如何創造出超級濃密緊緻暴脹的東西。我們檢視宇宙，有哪些東西可以創造出超濃密物質時，很容易就會想到黑洞。在黑洞的事件視界內，物質受到劇烈的重力壓力擠壓。有些物理學家推測，造成暴脹的奇怪負壓可能是在巨大的黑洞裡形成的。

事實上，你可以進一步提出，我們整個宇宙都可以存在於所有黑洞始祖的事件視界內。確實，我們宇宙中的黑洞可能包含了自己的迷你宇宙。這些想法目前無法測試，但聽起來很棒。

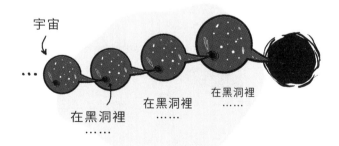

答案三、大霹靂也許是週期循環

如果我們的大霹靂只是許多大霹靂之一，那又如何？也許在未來，暗能量和暴脹將會逆轉，導致稱為「大崩墜」的宇宙崩潰。這個崩墜把恆星、行星、暗物質和貓，都擠壓成微小的密集斑塊，然後觸發新的大霹靂。這個循環可能持續下去，永不停歇：崩墜、爆炸、崩墜、爆炸⋯⋯。然而，這個想法在理論上有些問題，跟崩墜宇宙中熵的遞減有關，不過基於我們對時間的方向所知不多，如果你願意考慮瘋狂的想法，可能在其中找到答案。

當然，由有創意的推測得到的想法，很難進行到可證明的科學假說。大霹靂的狀況可能會破壞前一個循環的所有證據，這代表在下一次大崩墜把所有人壓死之前，我們可能永遠不會知道答案。

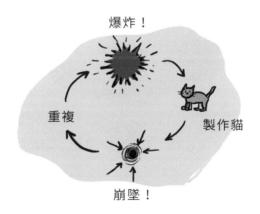

答案四、也許有很多宇宙

另一種可能性是，帶有負壓的奇怪東西迅速擴張，奇怪的東西擴張時，會創造出更多奇怪的東西。若奇怪的東西衰變成正常物質，則可能是衰變的速度不夠快。

如果創造奇怪東西的速度，快於它衰變成正常物質的速度，宇宙將永遠持續暴脹。宇宙的某些部分會衰變，但會受新創造的暴脹

東西淹沒，如果這個理論是真的，奇怪東西現在正在繼續暴脹。

　　在奇怪東西衰變的地方，會發生什麼事？這些地方都代表大霹靂在那部分的空間結束了，而正常物質正開始緩慢進行宇宙擴張。

　　這些點每個都可以形成「口袋宇宙」，就像我們周圍的宇宙一樣。由於暴脹持續不斷，於是會不斷創造出多個宇宙。如果暴脹繼續以超光速創造空間，那麼在口袋宇宙之間暴脹的東西會增長得太快，以致於這些宇宙間不能互相交流。

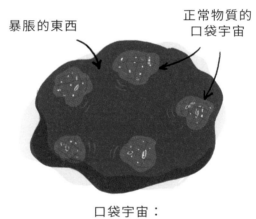

暴脹的東西

正常物質的
口袋宇宙

口袋宇宙：
要把它們全部抓到

　　這些口袋宇宙是什麼樣子？我們當然不知道。它們可能與我們的宇宙相似，具有相同的物理定律，但隨機初始條件略有不同，所以結構類似我們的宇宙。如果暴脹一直持續，那就代表可能存在無限數量的口袋宇宙。

　　無限是非常強大的概念，因為它代表每個可能的事件不管機率有多小都會發生。不僅如此，在無限數量的宇宙中，只要機率不為零，不太可能的事件會發生無限多次。如果這個理論是正確的，那就表示其他宇宙可以包含與地球幾乎相同的複製本，包括：恐龍從

來沒有遭大型小行星消滅過；或北美維京殖民地更加成功，而你正在讀以丹麥文寫成的這本書；或你的貓真的喜歡你。

★大結局★

事實上，對大霹靂的物理，不管我們有什麼線索都是絕對驚人的。想像一下，這就如同你試圖重建你出生時的情況，而你不清楚當時是否有人在場，或這件事已經發生了140億年之久。

在這個時間尺度上，我們存在於地球上的時間只不過像是一眨眼。但不知何故，在這個轉瞬之間，我們竟然有辦法觀察周圍的宇宙，並找到證據，把我們帶回到時間的啟始和可觀測宇宙的最遠處。

而且我們經過的時間已超過一剎那，想像一下我們還會發現什麼。也許我們會弄清楚導致暴脹的原因，並在過程中了解過去未知的新物質種類，或已存在物質的新特性。

或有更令人興奮的事，也許有一天我們的知識將能洞悉宇宙的早期時刻，我們將能看到大霹靂之前發生的事情。我們會在大霹靂的另一邊找到什麼呢？是飄浮在暴脹東西浩瀚海洋裡的其他宇宙？還是正走向大崩墜的另一個宇宙版本？

這些問題在今日是哲學的，但它們可能會在不久的將來變成科學的，而我們的後代和他們的寵物貓將會得到答案。

今日的哲學問題是明日的精密科學實驗。

大霹靂之前發生了什麼？
一切都「貓」有可能

15

我們的宇宙有多大？

為什麼宇宙這麼空虛？

在陽光明媚的日子爬上偏遠高峰，你可以一覽令人讚嘆的風光。除非星巴克已經在那裡了，不然映入眼簾的，會是綿延萬里毫無阻礙的山景。

這感覺令人感動。因為你若不是擁有頂樓豪華公寓的億萬富翁，那麼在清晨喝咖啡時，窗外望出去的景色可能只有幾公尺遠，而不是有幾公里遠。甚至如果鄰居的房子離得近，她也許轉頭就能看到你正在讀這本書。

話題就此終止

但是，有個更壯麗的景色，你每晚望向星空時都享受得到。這個景色讓你得以凝視數十億里遠的太空。想像一下，宇宙裡的每顆

星星都像是三維海洋中的島嶼。你可以看著無邊無際的天空，享受那無數飄浮在太空中令人眼花撩亂的島嶼景象。這景象會讓人目眩神迷，如果你還記得，在這廣闊的宇宙海洋裡，有個名叫「地球」的小礁島，而你就棲息在這個小礁島頂端。

　　這是很有可能的景象，因為宇宙是難以置信的廣闊，而且大多是虛空的。

　　如果星星靠得更近，夜空會變得更明亮，我們晚上就更難睡著了。如果星星離得更遠，夜空會變得黯淡，我們對宇宙的其餘部分會知道得更少。

　　更糟糕的是，如果太空不是那麼透明，這個令人難以想像的美景會籠罩在濃霧之中，我們將搞不清楚自己身在宇宙何處。幸好，從太陽發出來的光線，即使穿過了星際氣體和星塵，仍能讓我們的眼睛清楚看得到。（雖然紅外光和波長更長的光，比可見光更能穿透星際氣體和星塵。）

　　幸運的是，我們所有人（即使不是兆萬富豪）都可以窺視太空深處。但看到並不等於知道。我們祖先盯著同樣的景色，卻把宇宙的知識徹底弄錯了。在史前時代，即使是學養最豐富的人，也對往我們沖刷下來、那些令人難以置信的知識毫無所悉。今天，由於望遠鏡和現代物理學，我們可以深度探索太空，了解宇宙坐標以及恆星和星系的分布方式。

　　但就像我們的祖先一樣，我們可能仍然缺少關於更大圖像的線索，我們的理解只會引起更多問題：除了可以看得到的恆星之

外，有更多恆星存在嗎？宇宙有多大？我能在那麼遙遠的地方找到拿鐵咖啡嗎？

在這一章，我們將處理人類已知最大的問題：宇宙的大小和結構。

你可能想要抓緊某個東西以免暈眩。

我們需要更長的尺。

★我們在宇宙中的地址★

你正在地球上某個地方讀這本書。至於這地方在哪裡並不重要。也許你正窩在沙發上逗弄倉鼠、躺在阿魯巴的某個吊床上，或坐在某個星巴克的廁所裡讀這本書；即使你是京萬富翁，正飄浮在地球上方的私人太空站裡，這些細節都與宇宙的宏觀尺度無關。

地球是太陽系由內而外數來第三顆行星，與其他七個姊妹行星[1]隨著太陽繞銀河系中心轉。銀河系是擁有數個巨大螺旋臂的螺旋盤，其中有幾個螺旋臂從明亮的中央樞紐旋轉出來。我們住在銀河系一隻螺旋臂的中心點附近。太陽是銀河系中一千多億顆恆星之一，既不是最古老的也不是最年輕的，既不是最大的也不是最小的，它就是剛剛好。你在夜晚觀星時，看到的銀河系裡其他恆

*| 1　冥王星！閃開。

星，以宇宙的尺度來說多
半就在我們附近。而在晴
朗的夜晚，如果遠離連鎖
咖啡店的光線汙染，就可
以看得很遠，看到銀河星
系盤的其餘部分。它看起
來像一大堆模糊星星，眾

甜蜜的家！

多又密集，如同有人把牛奶倒在天空上（因此銀河的英文為牛奶道之意）。幾乎你在夜空中看到的所有一切，都是銀河系的某一部分，因為我們銀河的星體是夜空中最亮（且最近）的物體。

　　宇宙的其餘部分大多布滿點點的星系，而且沒有證據表明有孤星飄浮在星系之間。這是相當新的資訊，一百多年前，天文學家還認為，恆星均勻的灑在太空裡，而不知道恆星聚集在一起成為星系。直到天文學家建造了強大的望遠鏡，才發現這些模糊遙遠的物體，實際結構為何。當初發現銀河系只是我們能觀察到的數十億個星系之一時，天文學家想必是大為驚喜，尤其當時我們還認為銀河系就是整個宇宙。接著，我們發現自己居住的世界不是宇宙中唯一的行星，而且我們的太陽只是眾多恆星之一。從上述的例子可以看出，我們在宇宙裡所占的比例愈發得不重要。

而且，你快要
有個小妹妹了。

不！我不要！

　　最近我們了解，星系本身並不是均勻分布在宇宙中。它們傾向於叢聚成鬆散的星系群[2]和星系團，若干個星系團再群集成大型超星系團。我們所在的超星系團質量約為太陽質量的 10^{15} 倍重。好一個重磅傢伙！

　　目前為止，宇宙的結構在超星系團的尺度之前，都是層級分明的：衛星繞著行星、行星繞著恆星、恆星繞著星系中心、星系繞著星系團中心移動，而星系團則繞著超星系團的中心飛轉。奇怪的是，層次結構在這就結束了！超星系團不會形成巨大超星系團、無敵超星系團，或是終極超星系團，而是做了更令人驚訝的事情：超

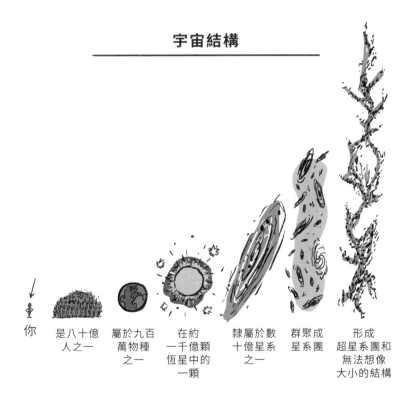

宇宙結構

| 你 | 是八十億人之一 | 屬於九百萬物種之一 | 在約一千億顆恆星中的一顆 | 隸屬於數十億星系之一 | 群聚成星系團 | 形成超星系團和無法想像大小的結構 |

星系團形成了橫跨數億光年、厚約數千萬光年的薄片和細絲。這些超星系團組成的片狀結構不可思議的巨大，圍繞著不規則形狀的泡泡和股線，這些泡泡和股線就像是巨大空洞的宇宙空隙，在裡面沒有超星系團或星系，只有少數的恆星、衛星或百京大亨。

超星系團組織是宇宙中最大的已知結構。如果你繼續縮小尺度，會看到像「恆星、星系、星團、超星系團、片狀群集」的基本模式在它處重複出現，但沒有形成更大尺度的結構。超星系團片的氣泡不會形成有趣複雜的大型結構。像地板上散布的樂高積木一樣，它們均勻分布在宇宙中。為什麼宇宙結構的模式在這個尺度結束？超星系團泡泡來自何處？為什麼宇宙在這個層次上如此均勻分布？

別踩在超星系團上！

有一點很清楚：與這些尺度相比，我們相當微不足道。我們在宇宙中的位置沒有很特殊；我們的宇宙地址不是在非常重要的中心地帶（我們不住在宇宙版的曼哈頓[*3]）。在擁有數十億個星系的宇宙中，每個星系都有1,000億顆恆星，我們在生命和智慧方面的成就究竟是否不尋常，還有待觀察。

★宇宙結構是怎麼走上這條路的？★

我們的銀河地址對受過良好教育且外型姣好的讀者（例如你[*4]）來說，可能是舊新聞。但它提出了一個非常有趣的問題：我們究竟為什麼有這個結構？

不難想像，宇宙萬物各有不同的排列方式。例如，為什麼恆星不會全部聚集成一個巨大星系？為什麼每個星系不能只是孤立恆星，周圍環繞著數量多到荒謬的行星？或者為什麼有星系？為什麼我們的恆星不能均勻分布在宇宙裡，就像飄浮在老舊房間裡的灰塵粒子那樣？

宇宙替代結構

一個巨大星系　　　一團巨大星雲　　　一個巨人

為什麼有結構存在？想像一下，如果宇宙在一開始是完全均勻和對稱的，每個方向的每個地方，都有相同的粒子密度。那麼我們會得到什麼樣的宇宙？如果宇宙是無限平滑的，那麼每個獨立粒子將在每個方向，都感受到相同的重力吸引力，這表示沒有一個粒子被迫朝任何方向移動。粒子永遠不會聚集在一起，宇宙會就此凍結。如果宇宙

---

*　3　我們最多也只像住在波啟浦夕市（Poughkeepsie）。波啟浦夕市被譽為是美國紐約州哈德遜河畔（Hudson River）的女王之城。

*　4　你最近變瘦了嗎？身材看起來很棒！

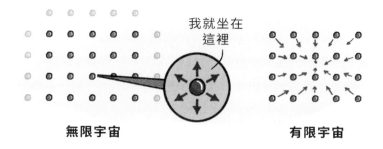

有限但仍然平滑，那麼每個粒子會被吸引到同個點：宇宙的質心[5]。

　　在任何一種情況下，你都不會得到任何局部的團塊或結構；這個宇宙將會平淡無光，或窮盡一生叢聚在同個地方，比如米黃色的郊區咖啡館。

　　事實證明，物理學家有相當精采的故事，可以告訴我們如何得到這個充滿結構且不枯燥乏味的宇宙。這個理論如下：早期宇宙的微小量子起伏，由於時空的迅速膨脹（即暴脹），延伸成巨大眾多的皺紋，這些皺紋透過重力成為種子，引起恆星和星系的形成，而中間還得到暗物質的協助；並且在某個時刻，暗能量開始把空間伸展得更遠。

　　哎呀！我們說過這是個很好的故事，但不是個容易的故事。

　　你看，為了在今天已長大成人的宇宙裡有一點結構，你需要在宇宙還處於不負責任的青春期時[6]，加點某種程度的叢集。一旦你創造出的小叢集比其他部分有更多質量，這些小叢集就會形成重力的局部熱點，可以吸引愈來愈多的原子過來，並遠離所有來自其他原子的重力。

　　例如，想像城市裡的每間星巴克彼此距離相等。每個喝咖啡的人都會聞到最近的咖啡館迷人的香味，但是由於咖啡館彼此等距，所以咖啡飲者永遠凍結在猶豫不決中。然而，如果咖啡釀造過

程中的微小擾動，使某個咖啡館的香氣更濃郁，那麼這些咖啡館將吸引更多客戶，導致更多星巴克在街頭營業，吸引更多客戶，又再引發更多星巴克店面開張，諸如此類。這個回饋循環創建了連鎖加盟系列，很快你會有開在星巴克店面裡的另一間星巴克，並導致星巴克奇點。但這若沒有最初的熱點就無法開始。在早期的星巴克宇宙，平滑度的第一個偏差對於創造今天恆星和星系的安排，扮演絕對關鍵角色。

那麼，究竟是什麼原因導致了我們嬰宇宙在平滑度上的第一個偏差？我們知道唯一可以實現的機制，就是量子力學的隨機性。

量子起伏如何造成宇宙結構：

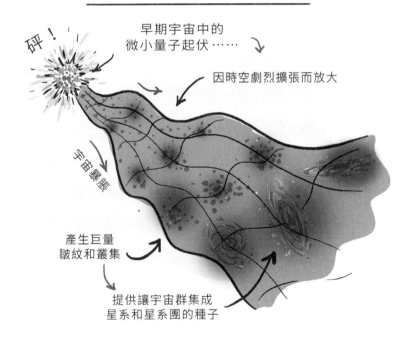

砰！

早期宇宙中的微小量子起伏……

因時空劇烈擴張而放大

宇宙暴脹

產生巨量皺紋和叢集

提供讓宇宙群集成星系和星系團的種子

---

* 5　如果空間是彎曲的，宇宙也有可能是有限的但沒有中心。譬如，想像一個沒有中心的有限球面。

* 6　宇宙從很早開始時就失控了。真的！

這不是猜測，而是已經觀察到的東西。回想一下，我們從宇宙微波背景中看到的宇宙嬰兒照中，宇宙看起來像是從熱的帶電電漿冷卻到大部分中性氣體的那一刻。在這個畫面中，我們看到宇宙雖然光滑，但不完美。它具有的微小波紋代表早期宇宙的量子起伏。

在大霹靂期間，宇宙暴脹大幅度伸展了空間，在空間和時間的結構中，這些微小波紋炸裂成巨大皺紋。這些時空皺紋隨後產生了叢集和重力熱點，導致之後更複雜的結構。

我沒有看到任何皺紋。

妳看起來很棒

物理學家知道如何恭維人

總而言之，空間的快速擴張引爆了大自然在量子位階隨機投擲骰子，直接導致我們今天看到的每一件事情。沒有暴脹，宇宙會非常不同。

物理學家懷疑，在超星系群的片狀和泡泡之上沒有更高一層結構的原因是，重力沒有足夠的時間把它們拉在一起，形成更多結構。事實上，因為重力的影響也受到光速的限制，宇宙的某些部分現在才剛剛開始感受到其他引力。

未來會怎麼樣？如果暗能量沒有擴張宇宙，那麼重力就會繼續發揮作用，把東西叢集在一起，形成更大的形狀和結構。但暗能量確實存在。所以我們有兩個競爭的效應：一是重力有足夠時間把東西叢集成更巨大的形狀和結構；二是重力沒有太多的時間，暗能量會把東西分開。目前，這兩個效應似乎是完全平衡的，這表示我們生活在完美的時代，能看到宇宙有史以來最大的結構。

這是對的嗎？我們生活在宇宙的奧西曼提斯[17]時代，只是巧合

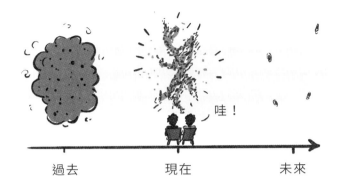

過去　　　　　現在　　　　　未來

嗎？每當我們相信我們生活在特殊的地方（例如，地球是宇宙的中心）或特殊時間（例如宇宙肇始六千年後），我們應該特別小心，確保這不是對自信心再一次的打擊。

　　鑑於目前的理解，我們似乎生活在特殊時刻。但我們其實並不十分確定，因為我們不能信心滿滿的預測暗能量的未來。如果暗能量繼續把宇宙拉開，星系和超星系群就沒有時間把東西拉到更有趣的結構上了。但是，如果暗能量發生變化，重力就有機會把東西拉到一起，甚至形成沒有名字的新結構！五十億年後，我們再來回顧，進行更新。

就告訴我們吧！　　　　　才不要！

暗能量

---

*｜7　「看看我的大尺度超星系群，強人們，誰能與我相提！」譯注：這句改寫自英國浪漫派詩人雪萊知名的十四行詩〈奧西曼提斯〉（Ozymandias）。奧西曼提斯是公元前十三世紀的古埃及第十九王朝法老拉美西斯二世。

★重力與壓力★

　　事實上，宇宙之所以有結構，而不是完美平滑的一片，是因為量子波動造成了第一個皺紋，接著暴脹把皺紋不成比例的脹裂，創造出導致我們現今宇宙的種子。但是，這些種子如何變成我們看到的行星、恆星和星系？答案是兩個強大效應的平衡：重力和壓力。

　　在大霹靂發生約四十萬年後，宇宙是一大團熾熱的中性氣體，其中有一些皺紋。重力就是那時開始有了作用。

　　一個非常重要的事實是：所有東西都是中性的。所有其他作用力在這時大約都達到平衡。強核力把夸克分成質子和中子；電磁力把質子和電子拉在一起，形成中性原子。但重力不能被平衡或中和。而且重力也非常有耐心：數百萬和數十億年來，重力把這些皺紋集中，形成更密集和更緊緻的團塊。

所有其他作用力平衡後，
重力就起作用了。

　　但是宇宙已經存在了很長的時間，你可能會想，為什麼重力並沒有把所有東西都拉回到一個大的團塊上：要嘛是巨大的恆星或龐大的黑洞，甚至是巨大的星系？事實證明，宇宙中只有剛剛好的物質和能量讓重力發揮作用，使空間「平坦」，但不足以把所有東西都拉回來。要記得，暗能量正在擴張空間，最終將導致東西在大尺

度上相行漸遠。

　　但即使重力不能贏得這場宇宙拔河賽，仍然取得了少數的局域勝利。由原始皺紋製成的氣體和灰塵泡泡被拉到一起，成為更加巨大的團塊，雖然這些團塊沒有聚集，而是遍布在宇宙中。

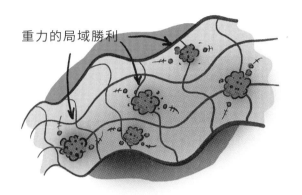

重力的局域勝利

　　重力把氣體和灰塵聚集在一起時會發生什麼？這取決於聚集的團塊有多大。如果你有一小團質量，那麼重力只夠把它形成小行星或大石頭般的物體，也或許是星冰樂（Frappuccino）。岩石或你的大杯飲料不會因重力而塌陷成微小的點，原因是它有一些來自非重力的內部壓力。岩石的原子不喜歡被擠壓得太緊（你曾想把岩石擠壓成鑽石嗎？這可不容易），因此會抵抗壓力。你最終得到的，是重力擠壓和岩石內部壓力之間的平衡。

重力

岩石

內部壓力

哇！哇！
大家後退。

如果你有更大的質量足以形成地球大小的行星，重力就大到能把行星核心的岩石和金屬壓縮成熱熔岩。地球核心之所以炎熱和處於液態，完全是因為重力。下一次你要嘲笑重力太微弱時，問問自己是否有能力把岩石擠壓成熱熔岩。

嗯，跟我想的一樣吧。

如果你有足夠大團的物質，重力可以產生足夠熱的電漿把團塊變成恆星。恆星是不斷爆炸的核融合炸彈；唯一能把團塊凝聚在一起的是團塊本身的重力。重力可能很弱，但是當恆星蒐集到足夠的質量時，就控制得了爆炸了數十億年的核彈。這些恆星不會立即崩潰成更密集的物體，箇中緣由也是來自於它們的壓力。恆星一旦用完燃料，不能再提供壓力來抵抗重力，就會塌陷成黑洞。

沉重的行星是
火熱的。

在惰性岩石、以熔融熔岩為核心的行星，和僅僅由核融合動力涵蓋的恆星上，重力和壓力達成平衡。這個平衡也解釋了為什麼恆星會聚集成星系，而不只是隨機把恆星或黑洞灑在宇宙中。

陽光外衣下
蘊涵著火爆的個性。

　　記住，宇宙中大部分的質量不是用來形成行星、恆星和咖啡豆的：大約80％的質量（總能量的27％）是以暗物質的形式呈現。暗物質可能有一些我們不了解的交互作用，但是我們確信暗物質的質量有助於重力效應。然而，由於暗物質不具有電磁力或強核力的交互作用，所以沒有可以對抗重力的壓力。因此暗物質與普通物質一樣聚集，但會持續結塊，形成巨大的光暈。無論暗物質如何形成光暈，它的龐大的重力會吸引正常物質。事實上，目前公認，暗物質是星系能在早期宇宙就形成的主因。沒有暗物質的宇宙，第一個星系的形成將需要數十億年的時間。相反的，我們在大霹靂之後僅僅花了數億年，就看到了星系的形成，這得感謝暗物質重力在幕後操作。

暗物質只想要亮晶晶的東西。

　　重力也把星系拉在一起，但星系透過各種壓力來抵抗重力，以避免崩潰成巨大黑洞。螺旋星系不會崩潰，是因為它們旋轉得非常快，產生的角動量有效的使所有恆星分開。這也是為何暗物質不會變成更密集團塊的原因。暗物質粒子的速度和角動量，使重力很難把它們聚在一起。

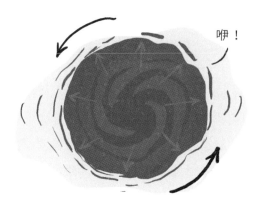

最終，我們的宇宙會充滿巨大的薄片和泡泡結構，薄片和泡泡由超星系團組成，每個星系都有數千億個恆星繞著黑洞旋轉，且充滿了灰塵、氣體和行星。這些行星裡，至少有一個住著人類，而他們正看著星星並思考自己的存在。

但這個結構會發展到什麼程度？

這些薄片和巨大的泡泡會永遠發展下去嗎？宇宙中所有物質是否更像是島嶼，或是具有與虛空邊界的大陸，還是宇宙根本是無限的？

宇宙究竟有多大？

★宇宙的大小★

如果我們有辦法喝下一杯八份濃縮的咖啡，並可以無限快的繞行宇宙，就能學到關於宇宙萬物如何組織起來的許多知識，更重要的是，我們將會學到宇宙裡的東西可以距離我們多遠。

不幸的是，大多數咖啡店提供的濃縮咖啡最大杯是四份[*8]，而且繞行宇宙拍照的速率有最高上限。這代表在開發出曲速引擎前，我們回答這些問題時都只能用從遠方宇宙傳到地球的資訊。

光線呼嘯奔向我們，攜帶美麗的照片，描述宇宙的奇異，但最多只能拍138億光年這麼長。也就是說，我們看不見超越這個距離的物體。同星系一般大小的藍龍，可能就在我們的視野外嬉鬧和吐口水，而我們一無所知。當然，沒有什麼證據指出龍真的存在，但是我們視野外的世界，看起來就像是我們所在的世界，這樣的機會有多大？大自然對於稀奇古怪和令人驚訝的內幕毫不陌生。

---

*| 8　如果點兩杯八份濃度的咖啡，店員會用異樣的眼光看著我們。

我們稱這個伸展到我們視界的球體為「可觀測宇宙」，它非常巨大，雖然我們看不到這個球體外有什麼，但我們可以精確思考視界有多大。共有三種可能：

一、因為沒有什麼東西能夠移動得比光速快，所以可觀測宇宙的大小，一定是宇宙年齡乘上光速，或是在各個方向達到138億光年的距離。

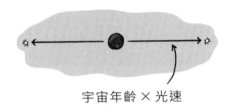

宇宙年齡 × 光速

二、由於空間本身是個東西而且可以擴張得比光速快，所以我們可以看到，曾在我們視界內的東西現在都已經超越視界了，每個方向超出最多約465億光年。

宇宙年齡 × 光速＋時空擴張

三、可觀測宇宙介於兩個相距最遠的星巴克之間，由於新店面迅速發展，目前科學界還不知實際距離多少。

　　正確的答案是二。由於空間擴張，我們會發現東西一直在遠離我們。所以可觀測宇宙遠遠大於光速乘上宇宙年齡。

　　好消息是，我們可以看到很多東西：在數十億個星系裡的數十兆億個恆星中，我們可以看到大約 10^{80} 到 10^{90} 個粒子。另一個好消息是，我們不需要做任何努力，我們的可觀測宇宙（即視界）每年就至少增長一個光年[*9]。而且由於數學次方的力量，可觀測宇宙的體積增加得更快，因為每年添加的空間切片比前一年的更大，這表示你永遠不會造訪的星系裡壯麗山脈數量，正成為令人難以理解的龐大數字。

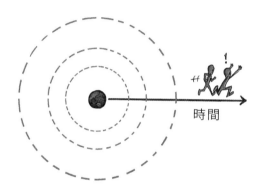

　　但事情不是那麼簡單。東西正通過空間遠離我們，同時空間本身正在擴張。有些物體與我們的距離增加得如此之快，使得它們發出的光線永遠到達不了我們。換句話說，可觀測宇宙可能永遠趕不上實際宇宙，這代表我們可能永遠無法看清楚宇宙萬物的全部面貌。

　　壞消息是，我們不知道宇宙究竟走了多遠。事實上，我們可能永遠都不會知道，這對於那些將要成為宇宙地圖繪製員的人來說，是相當糟的消息。

---

*| 9　這取決於空間擴張率，現在的擴張率大於零。

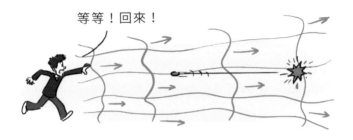

等等！回來！

★讓我們來猜一猜★

整個宇宙有多大呢？有幾種可能性。

無限空間裡的有限宇宙

一種可能性是，宇宙的大小是有限的，但由於空間擴張，宇宙已經超過了我們的視界。科學家根據這種可能性做出了一些合理的假設，嘗試估計宇宙裡東西的尺寸，譬如：

- 在宇宙暴脹之前，由於空間未做任何延伸，宇宙的大小近似於光速乘上宇宙年齡。
- 宇宙中的粒子數量相當大。
- 沒有人能想像大於 10^{20} 的數字是什麼樣子，所以你想猜哪個數字都可以。

採取這些假設，並結合我們目前所知空間在大霹靂期間延伸的尺寸，以及現在由於暗能量所伸展的大小，我們可以估計整個宇宙的尺寸。

但是，根據這些假設的性質，你得到的答案中，最大與最小之間的差別會超過 10^{20} 倍。如果這個狀況使你覺得問題並沒有真的解

決，你是對的。如果有人告訴你，你的房子面積在2,000到100,00
0,000,000,000,000,000,000平方公尺之間，你會理所當然認為，
這些數字應該是臆測的。即使你可以接受「宇宙中的物質數量有
限」這種毫無根據的假設，我們仍然不知道這個宇宙有多大。

　　儘管有這些不確定性，但是在某些情況下，我們還是可以估算
出宇宙的大小。

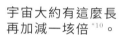

宇宙大約有這麼長
再加減一垓倍[10]。

有限空間裡的有限宇宙

　　如果宇宙是彎曲的，也許形狀就像是在三個（或更多）維度裡
的球體表面。在這種情況下，空間本身是有限的。空間自己形成迴
圈，使得你往任何一個方向移動，最終都會回到起始點。這情況雖
然聽起來很驚人，但是我們至少知道宇宙是有限的，而非毫無邊界。

「從技術上來說，無限是有限的。」
物理學家說這句話是真的。

---

*| 10 譯注：垓為10^{20}。

但是在這種惱人的情況下，穿過宇宙的光線也將繞著迴圈轉（假設迴圈夠小），並且可能在旅程中不止一次經過地球。這是我們可以實際觀察到的現象！你會注意到同個物體在天空中重複出現，每次都是因為光線繞了一圈[11]。不幸的是，科學家已經在星系結構和CMB裡尋找這種效應，但至今都未發現任何證據。這表示，如果宇宙是有限的迴圈，它必定大於我們可以看到的範圍。

無限宇宙

空間可能是無限的，並充滿無限的物質和能量。這個可能性很難理解，因為無限是奇怪的概念。這代表任何有機會發生的事情（不管機率有多小，只要不是零），都會在宇宙的某個地方發生。在無限的宇宙中，有個看起來像你的人，正閱讀印在圓點花紋帆布上的這本書；有個充滿藍龍的星球，每隻藍龍的名字都叫做山繆，

所以經常被搞混。你認為這些場景聽起來不大可能發生嗎？你是對的。但在無限宇宙中，任何可能發生的事情都會發生。為了弄清無限宇宙中某些事情發生的頻率，你將事情發生的機率乘以無限大。所以只要可能性不是零的事情都會發生，不僅如此，還能發生無數次。因此會有無窮多個有困惑藍龍的行星。這多麼令人難以想像！

　　但是無限宇宙怎麼能與我們所看到的宇宙一致呢？大霹靂會擴張出一個無限宇宙嗎？答案是肯定的，但前提是當你不假設大霹靂只從單獨一點開始。想像一下大霹靂鋪天蓋地同時在四處發生。這點就算你想破頭也不見得想像得到，但它完全符合我們的觀察結果。在這樣的宇宙裡，大霹靂在四處同時引爆了。

更多更大的霹靂

　　哪一種狀況（無限空間裡的有限物質、有限空間裡的有限物質，或無限空間裡的無限物質）是我們的現實？我們毫無頭緒。

★為什麼宇宙這麼空？★

　　關於宇宙結構的另一個大謎題是：為什麼宇宙這麼空？為什麼恆星和星系不再靠近一點？或相距更遠一些？

　　讓我們提供你一些基本概念，我們的太陽系大約有90億公里

---

*　11　迴圈宇宙與重力透鏡在天空中產生的重複影像並不相同。前者的影像不會失真，而後者的影像會扭曲。

寬，但最近的恆星距離我們大約有40兆公里遠。銀河系寬約10萬光年，而最近的星系（仙女座星系）距離我們大約有250萬光年。

　　無論空間有多大或是什麼形狀，物質之間的空間似乎很大，還能更靠近一點。這可不像某些宇宙父母必須分開在後座爭吵的恆星和星系那樣。

不要逼我
把大霹靂
往回開！
我是認真的！

　　幸運的是，虛空與思考問題的觀點有關，我們可以把這個問題分成兩個不同的問題：

　　為什麼我們不能移動得比光速快？

　　為什麼空間在大霹靂期間會擴張，而且直到今日都還在擴張？

　　光的速率是宇宙的度量衡，光速定義了我們所謂的「遠」和「近」。如果光速比現在更快，那麼我們能看得更遠，移動得更快，東西不會看起來如此遙遠。如果光速比現在慢，我們似乎更不可能訪問或傳送簡訊[12]到遙遠的星星鄰居那兒。

來吧，我們走吧！

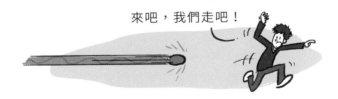

　　從另一方面來看，我們不能把這一切都歸咎於光速。如果在大霹靂後的第一秒鐘內，空間沒有被拉伸太多，那麼今天所有東西都

會彼此更加靠近。如果暗能量目前還沒有把每個東西都推到更遠的地方，那麼星際旅行的前景不會每分鐘都變得更糟[13]。我們可以想像這樣的宇宙：暴脹限制了宇宙自身的爆炸，用比大得誇張的 10^{32} 倍更合理的數量膨脹宇宙。

因此，我們宇宙的空虛來自於這兩個量之間的交互作用：定義距離尺度的光速，以及把所有東西分離的擴張空間。我們不曉得為何是這些量，但是如果你改變它們，會得到一個與我們大相逕庭的宇宙。與許多大奧祕一樣，我們只能研究唯一的一個宇宙，所以我們不知道這是不是宇宙唯一的組織方法，或在其他宇宙中，擴張程度是否很小，而每個人都比我們現在感覺到的更接近對方。

★調整一切★

在啜飲熱騰騰的嚴選咖啡並仰望夜空時，請反思一下我們所知的宇宙大小和結構，我們的所知都來自於我們從地球上的觀察。當然，我們已經向其他行星發射了探測器，把望遠鏡投入太空，甚

---

* | 12 漫遊費用將會非常離譜。

* | 13 暗能量不酷，真的不酷。

至把人放到月球上，但從宇宙的角度來看，我們基本上沒有太多進展。到目前為止，我們學到的宇宙資訊，都來自我們從宇宙某個角落裡所做的觀察及推測。

儘管是這麼低調的觀點，我們已經能回答某些古老的問題（恆星是什麼？恆星為什麼要移動？）我們已經消除了長期以來的誤解（我們是宇宙的中心）。

然而，宇宙究竟有多大？我們生活在有限還是無限的宇宙？數十億年後，宇宙的結構會發生什麼變化？這些問題的答案會對我們自己的全貌、我們在宇宙中的位置，產生巨大的影響。

16

萬有理論存在嗎？

什麼是宇宙最簡單的描述？

在人類歷史的洪流裡，我們直到最近才比較可以理解周遭的世界。

過去幾世紀的科學發展之前，人們常被生活中的物體和事件弄得頭昏腦脹。早期的人類對於閃電、星星、疾病、磁性或是狒狒，有些什麼想法？世界似乎充滿了神祕的東西、強大的力量，以及超出我們理解範圍的奇怪動物。

狒狒磁力神祕無比

最近，這種感覺已經由科學的酷炫和輕鬆的自信取代，我們開始感覺可以用理性和可發現的定律描述周遭世界。這種經驗在人類歷史裡相當新穎。現在你很少在日常生活中遇到全然神祕的東西，也幾乎沒看過讓你震撼或沒法解釋的東西。閃電、星星、疾病、磁性甚至神祕的狒狒，大多可解釋為自然現象：美麗且令人敬

佩，但最終仍受物理定律制約。事實上，缺乏解釋而讓人失落的經驗已相當罕見和陌生，以致於我們要付費再去感受：這就是魔術表演如此有趣的原因。

我們不但理解了周圍環境，對於身邊事物的支配，也令人十分印象深刻：我們可以讓四百噸的飛機定期飛越海洋、用量子力學管理電腦晶片裡數十億個電晶體、把人開腸剖肚植入從其他人體來的移植物，甚至還能預測發情狒狒的交配習慣。老實說，我們生活在奇蹟時代。

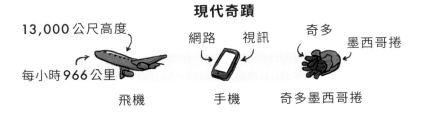

現代奇蹟

13,000公尺高度

每小時966公里

飛機

網路　視訊

手機

奇多　墨西哥捲

奇多墨西哥捲

但是，如果我們善於解釋日常生活中的大趨勢和小細節，是不是代表我們已經弄清楚所有的一切？我們的理論能否解釋世界萬物？

除非你跳過本書的前幾章，否則你已經知道答案是明確的「否」。我們對於「充滿宇宙的東西（暗物質）是什麼」，以及「如何描述控制宇宙最強大的力量（暗能量、量子重力）」幾乎毫無頭緒。似乎我們掌握的知識僅適用於宇宙的一個小角落，我們受無知的大海包圍。

我們了解環繞在周圍的世界，卻不清楚宇宙的實際運作方式；我們到底如何讓這兩個想法不相衝突？我們離最終理論「萬有理論」（Theory of Everything, ToE）的發現有多近？萬有理論存在嗎？它是否代表所有宇宙奧祕的終結？

現在是時候讓我們直接面對宇宙的大 ToE[*1] 了。

注意你的那幾個 toe！

★什麼是萬有理論？★

在花費太多時間談論萬有理論之前，先確保我們正確理解「萬有理論」的涵義。簡單的說，萬有理論是我們對空間、時間、所有物質和作用力最簡單又最深層的數學描述。

讓我們逐一討論。

我們把物質包含在定義中，是因為這個理論必須描述宇宙裡所有東西的組成；我們把作用力包含在定義中，因為我們希望這個理論不僅僅描述一團團惰性的東西。我們想知道東西如何交互作用，以及能做什麼。

大 ToE

時間 　　　　空間

力 　　　　物質

*|　1　譯注：ToE 語帶雙關：除了是萬有理論的縮寫之外，它也是腳趾頭。

我們也把空間和時間包含其中，因為我們知道這兩個概念在某種程度上是可塑的，而且它們會影響宇宙中的物質和作用力，也受到宇宙中的物質與作用力影響。

最重要的是，我們說這個理論是「最簡單」和「最深層」的描述，因為我們希望它是對宇宙的最基本描述。「最簡單」的意思是，萬有理論應該不能再簡化了（也就是可能的變數或不明的常數愈少愈好）。「最深層」代表萬有理論應該盡可能用最小的尺度來描述宇宙。我們想找到不可分割的最小樂高積木，而且我們想知道，把它們組起來的絕對基本機制。

技術上來說，
樂高有兩個ToE。

你看，我們生活在洋蔥般的宇宙裡。不是因為每個人在切洋蔥時都會掉眼淚，也並非因為洋蔥是所有美味湯頭的重要成分，而是因為宇宙是由層層相扣的湧現現象（Emergent Phenomena）所組成。

以右圖原子模型為例，這張圖表示，原子是由原子核及繞核軌道運轉的電子構成的，而原子核是由質子和中子所組成。原子圖可能是大家最認得的科學圖像了。這張圖的出現是了不起的成就，不僅僅是它讓大眾了解了科學，更

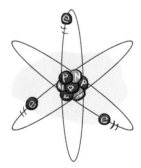

是因為它顯示我們超越了原子是物質基本單位的想法，而有了更深刻且更基本的觀念：原子是由更小的單位組成的。

　　不過這仍然是不完整的故事。在這些較的小元件中，某些部分實際上是由更小的元件所製成（例如質子和中子由夸克製成）。除此之外，事實證明，東西在這個距離下的行為與我們預期的南轅北轍；事實上，是天差地遠的不同。電子、質子和中子，並不是具有堅硬表面的小球體，聚集在一起並且繞著彼此轉動。它們是模糊的量子粒子，由不確定性和機率控制的量子波定義而成。

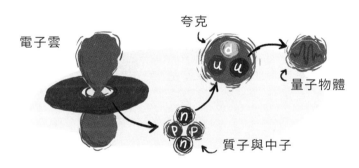

原子終極版

　　但所有這些概念在某種程度上都算有效。把原子視為小撞球，能夠描述氣體原子如何在容器內反彈。原子是有電子在周圍擺動的微小固體，適用於描述週期表中的所有元素。而新的粒子量子圖像則是在描述各種自然現象時，表現傑出。

真
（在某種程度上）　　　真
（在某種程度上）　　　真
（在某種程度上？）

　　關鍵是，我們似乎生活在擁有完美理論的宇宙，這個理論即使忽略較小距離內的細節，也仍然可以運作。換句話說，你可以準確預測所有小元件的集體行為，即使你不知道這些小元件正在做什麼，甚至懷疑小元件是否真的存在。

　　例如，經濟學領域是個人心理學的湧現，大部分的經濟學可以用數學來描述（假設人們壓抑內在的狒狒，並按理性行事）。眾多個人消費者和交易者的買賣決定行為，會導致價格上的大幅度變化，並且可以用幾個簡單的方程式來描述。你不用去了解任何個人的選擇和動機，仍然可以研究和描述大群體的經濟學。

　　物理學中還有很多類似的例子。例如，即使我們尚未發現最基本的物質元素，也不清楚重力如何在量子理論下運

作，我們依然可以準確預測，猴子從屋頂跳入游泳池時，會發生什麼事。我們有一個非常有效的理論，可以預測猴子的拋體運動；我們有流體動力學理論，可以用來描述液體產生的飛濺；我們有行為理論，能解釋為什麼你不喜歡有猴子味的游泳池。

　　事實上，宇宙中有這些層層相疊的理論，每個理論都描述了不同層面的湧現。在我們知道DNA（去氧核糖核酸）之前，我們有演化論；在我們了解希格斯玻色子或許多我們今天認識和喜愛的基本粒子之前，人類早就登陸月球了。

　　這很重要，因為描述自然最基本核心理論的終極理論，將是會讓物理學家掛起大衣，放下麥克風，雙手高舉說：「是的！我們完成了。」然後離開（甚至可能失業）。終極理論不會只是描述宇宙

真實組成元件的某些湧現；它將會是關於宇宙的真正組成元件，以及這些元件如何結合。

物理學家，走開！

聲名狼藉先生 *2 的 B.I.G.T.o.E

　　這使「萬有理論」的概念變得棘手，因為我們可能永遠無法百分之百的確定，是否完成了這個理論。我們可能達成了一個「自以為」的根本重要理論，但實際上只是描述了隱藏在另一層宇宙洋蔥之下，超級微觀的狒狒集體行為。我們要如何知道這個差別？

　　更糟糕的是，如果宇宙有無限多層呢？如果終極理論可能不存在，那該怎麼辦？如果一路下來都是狒狒，又該怎麼辦？

★一路下來都是狒狒★

　　現在我們已經為萬有理論下了定義。無論是否有必要讓猴子離開你的游泳池，讓我們探索在我們了解的最深層的自然上，已經完成了多大的進展。

　　我們可以問的問題是，宇宙中到底有沒有最小距離？我們習慣於把距離視為具有無限分辨率，例如，你可以把距離寫為

0.00000……00001。其中「……」代表無窮多的零。但如果不是這樣呢？如果有一個距離存在，比這個距離還短的長度，沒什麼效用或根本無法察覺，就像是我們無法分別電腦螢幕上一個個像素那樣，該怎麼辦？如果有這樣的距離，一旦我們的理論描述了這個尺度的物體和交互作用，我們可以相信這個理論是最根本且重要的，因為沒有什麼比它更小的了。但是，如果沒有這樣的距離，如果東西的尺寸可以無限小或可以移動無限短的距離，那麼我們可能永遠無法確定，沒有其他的東西隱藏在下面。

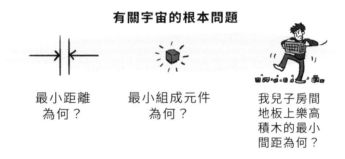

有關宇宙的根本問題

最小距離
為何？

最小組成元件
為何？

我兒子房間
地板上樂高
積木的最小
間距為何？

　　解決問題的另一種方法是詢問：「我們理論中描述的樂高積木是否是最根本的？它是由更小的樂高積木組成的嗎？」電子和夸克以及其他粒子，是否為宇宙中發現的最小物質？到底有沒有最小粒子？

　　最後一個問題是：「這些物體如何交互作用？」這些物體以不同的方式交互作用（也就是說有許多不同的作用力），還是只以一種方法進行交互作用，而這個作用力以不同的方式呈現？什麼是宇宙中作用力的最基本描述？

　　讓我們從最小距離開始。

★最小距離★

我們的宇宙是否有最小距離，也就是基本的解析度？現實會不會是像素化的，只是因為現實發生在低於最小距離之下，以致於我們無法描述？讓我們花點時間來思考這個奇怪的想法：現實可以像素化。

量子力學說，我們無法知道粒子的確切位置。因為在量子力學中，物體實際上是量子場的模糊波動激發態，具有隨機特性。但更重要的是，量子力學告訴我們，粒子的確切位置是不確定的，在小於某特定距離之下，跟物體位置有關的資訊並不存在。這個線索指出，宇宙中可能有某些有意義的最小距離存在，我們可以把距離的量子化視為像素化。

但是，如果現實是像素化的，那麼像素有多小？我們真的不知道，但物理學家透過觀察，結合了幾個基本常數，做出非常粗略的猜測，告訴我們關於宇宙的基本特性。其中第一個是量子力學常數 h，稱為普朗克常數。這是非常重要的數字，因為它跟能量的基本量子化有關，能量的量子化就如同是能量的像素化。

為了得到數字來定義距離（例如，以公尺為單位），物理學家把普朗克常數乘以另兩個常數：宇宙的最大速率（c，光速）和重

力強度（G）。如果我們以特定的方式組合這些常數，可以得到帶有距離單位的數字[3]。這個數字非常小：10^{-35}公尺，或寫成 0.0000 0000000000000000000000000001公尺。

我們把這個數字稱為普朗克長度。這個數字有什麼意義？我們真的不知道，但它可能是宇宙空間像素大小的粗略估計。組合這些數字並沒有真正的理由，除了每個個別數字都代表了量子層面上可能發生的物理基本成分，因此它們的組合可能給我們關於宇宙基本尺度的蛛絲馬跡。

關於這點，我們可以確認嗎？還沒。我們探索極小距離的工具，已經從光學顯微鏡進階到電子顯微鏡。光學顯微鏡可以在光的波長尺度（大約10^{-7}公尺）探測物質，而電子顯微鏡可以達到10^{-10}公尺。此外，粒子對撞機的高能碰撞，已經在大約10^{-20}公尺的距離，審視質子內部。

可惜的是，這代表若我們想要在普朗克長度上檢查現實，還差了15個數量級。也就是說我們可能仍然漏掉了很多細節。有多少細節？想像一下，如果你擁有的最短的尺，或是你眼睛能看到的最小的東西，是1,000,000,000,000,000（10^{15}）公尺長。這是太陽系寬度的一百倍。如果你最短的尺有那麼長，就算發生了各種驚人的事情，你也毫不知情。在這15個數量級內，你會錯過很多事情。

休士頓，
我們有麻煩了！

　　我們有希望在普朗克長度探索現實嗎？科技的進步，在一兩個世紀中，使我們從 10^{-7}（光學顯微鏡）達到 10^{-20}（粒子對撞機），所以很難預測未來科學家將發明什麼儀器，給我們更精細的現實畫面。但是，如果我們的策略仍是使用粒子對撞機，要在普朗克長度上觀看東西，加速器的能量要比目前的高 10^{15} 倍。不幸的是，這樣的加速器將需要 10^{15} 倍大，花費也是 10^{15} 倍，這比我們能負擔的多出 10^{15} 倍。

　　因此，我們沒有明確的證據表明，宇宙最小的距離會像素化，但量子力學和我們迄今測量的通用常數，強烈指出在最小距離可能會像素化，而且這個最小距離是宇宙無敵世界超級的微小。

★最小粒子★

　　電子、夸克和其他已發現的「基本」粒子，是否為宇宙中「最」基本的粒子？可能不是。

　　電子、夸克和它們的表兄弟姐妹，似乎很可能只是某種東西的湧現。也許它們是由一群更小的、更基本的粒子組合而成的。

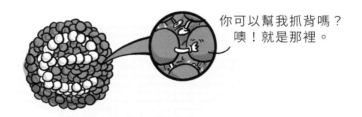

你可以幫我抓背嗎？
噢！就是那裡。

---

*| 3　普朗克長度為 $(\hbar G/c^3)^{\frac{1}{2}}$=1.616×$10^{-35}$公尺，其中 $\hbar = \frac{h}{2\pi}$ 是普朗克常數，G是重力常數，c是光速。

我們會如此認為的原因是，迄今發現的所有粒子，似乎都好好的坐在類似週期表的位置上。還記得第四章〈物質的最基本元素是什麼？〉中說的，目前為止發現的最小粒子嗎？這些粒子可以排列成表：

基本粒子表

這種整齊的排列和模式似乎告訴我們，可能還有其他東西存在。請記住，元素（例如，氧、碳等）的原始週期表提供了科學家線索：所有元素都是電子、質子和中子以不同的配置形成的。同樣的，上面這個表格使物理學家懷疑，我們發現的各種粒子可能是由更小的粒子組成的，或者它們可能是更小的粒子以我們尚未確定的法則或規則組合而成的。不管怎樣，線索都在那裡。

我們要怎麼知道電子和夸克的內在是什麼？我們必須不斷的把東西相撞砸個粉碎，才能發現。

如果粒子是複合的（由更小的粒子組成），那麼較小的粒子必須透過自身結合能，以某種形式結合。例如，氫原子實際上是一個質子和一個電子，透過兩者的電磁耦合力結合的。以此類推，質子其實是由強核力把三個夸克結合而成的。

如果你用來粉碎複合粒子的能量，小於較小粒子間的鍵結能量，那麼複合粒子將看起來像堅硬的粒子。例如，如果狒狒輕輕往你的車上扔棒球，你會看到球反彈，你和狒狒可能會得出結論，你的車子是巨大的單一粒子。但是，如果狒狒真的很用力丟棒球，棒球的能量高於把汽車零件組裝起來的能量，可能會打破車子，你會發現你的車是由小的汽車零件拼湊出來的，甚至可能發現它們是美國製造的。

因此，若要確定電子和夸克是否由較小粒子構成，其中一種方法就是在更高的能量下粉碎它們。如果我們用來粉碎電子或夸克的能量，高於結合它們的能量，就會造成分裂，因此我們會知道，它們是由較小的部件製成的。

但我們實際上並不知道，電子和夸克是不是由更小的單位組成

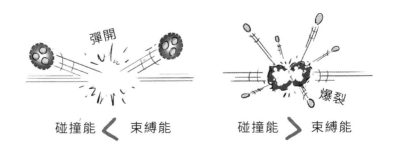

的，如果它們是由較小的單位組成，我們不知道需要多大的能量才能把它們分開。到目前為止，我們的對撞機，即使是在日內瓦最昂貴的那一臺，還沒有達到足夠高的能量，可以找到電子、夸克或其表兄弟更小的部件。

如果我們要找出基本粒子週期表的模式，另一種方法是尋找適合週期表的新粒子。如果我們發現更多電子和夸克的表親，也許能夠推斷出週期表模式蘊含的意義，得到理解基本粒子基礎結構的線索。這個基礎結構可能會告訴我們，當前的粒子集合中是否隱藏了更小的單位。

妳在做什麼？　做物理啊。

★最基本的作用力★

要構建萬有理論，最後一塊積木是描述宇宙中的基本作用力。

我們知道物質粒子彼此間有幾種不同的交互作用方式，但到底有多少種作用力？這些作用力有可能都屬於同一種現象嗎？

找出宇宙中作用力的最根本描述，重點不在於作用力的大小（不是要找到「最小」的作用力），而是要找出我們所知的作用力中，有哪些實際上是同一件事。

例如，如果你曾經要求我們的史前洞穴科學家奧克和葛羅格，列出宇宙中所有的作用力，他們可能會提出右頁這樣的列表。

表中可能包含許多看似無關聯的經驗。但多年來科學家已經明

宇宙中的作用力
作者：奧克和葛羅格

- 讓你從美洲駝跌下的力
- 讓天空中那個亮球移動的力
- 風力
- 把棒子弄斷的力
- 乳齒象踩在我腳趾頭上的力
- 把狒狒從洞穴池裡趕出去的力
- 其他

白，許多作用力是相關的，而且很多現象只要用幾種作用力來描述就可以了。例如我們知道，使你從美洲駱跌落的力與使天空中那個亮球（太陽）移動的力是相同的：這是重力。例如，我們知道物體（風、棒、乳齒象）在相互接觸或推動時的力，實際上是同一種作用力：物體彼此接近時，感受到的都是電磁力。

事實上，電力和磁力是單一作用力（電磁力）的想法，是在十九世紀才提出的新觀念。馬克士威注意到電流能夠產生磁場，而移動磁鐵可以製造電流。馬克士威寫下所有已知與電力和磁力有關的方程式（安培定律、法拉第定律、高斯定律），意識到這些方程式具有高度完美的對稱性，因此可以把電力和磁力視為相同概念來加以改寫。電力和磁力並非兩種不同的東西；它們就像是相同硬幣的一體兩面。

最近，弱核力和電磁力也完成了統一。我們發現這兩種非常不同的作用力，也是同一枚硬幣的兩面：透過相似的數學建構，弱核力和電磁力可以簡單寫成單一作用力（很有創意的稱為「電弱」作用力）。我們熟悉和喜愛的光子，其實只是某種作用力的表徵，而這個更深層的作用力也可以產生傳遞弱核力的 W 和 Z 玻色子。

兄弟們！

　　在羅列宇宙中所有作用力的課題上，我們一點一滴的取得了進展，把奧克和葛羅格的冗長清單降低到四種，現在更進一步整合成三種。

作用力	力載子
電弱力	光子、W 玻色子、Z 玻色子
強核力	膠子
重力	重力子（理論假設）

　　我們還能簡化多少種作用力？所有這些作用力可能實際上都是同一種作用力嗎？

　　宇宙中會不會只有唯一一種作用力？我們毫無頭緒。

★我們離萬有理論還有多遠？★

　　萬有理論需要以最簡單又最基本的方式，描述宇宙中所有的一切。這表示萬有理論必須能夠在宇宙的最小距離下運作（如果宇宙像素存在的話）、編錄宇宙中最小的樂高積木，並以最統一的方式，描述樂高積木之間所有可能的交互作用。

　　目前為止，我們有了一些提示和一些關於宇宙中最小距離（普

朗克長度）的想法。我們有相當出色的目錄，其中有十二種物質粒子，迄今我們還沒有能夠把這十二種粒子（標準模型）進一步分解。不過，我們列出了這些粒子之間的三種可能交互作用方式（電弱力、強核力和重力）。

我們離終極的萬有理論還有多遠？我們不知道，但沒有什麼可以阻止我們做大膽的推測。

如果照著這個趨勢，那麼我們對宇宙中的物質、作用力和空間的最簡單描述，很可能只需要一種粒子和一種作用力，這個萬有理論將能描述空間最小分辨率，或根本否定它的存在。

從這個理論，你應該可以把宇宙中的一切（物體、行為、狒狒），追溯至所有層級的湧現，並透過唯一粒子和唯一作用力的運動或行為，解釋宇宙中的一切。

所以我們似乎還有辦法繼續發展萬有理論。但是別忘了：我們迄今所有的理論僅涵蓋宇宙的5％！我們仍然不曉得如何把已知的知識，擴展到宇宙其他的95％。老實說，我們幾乎沒有搔到ToE的癢處。

★結合重力和量子力學★

　　萬有理論的主要障礙之一，是如何結合重力與量子力學。我們來談一談有哪些困難點。

　　就像前面講的，我們用兩個理論（不如說是有兩個理論框架）來理解宇宙：量子力學和廣義相對論。在量子力學中，宇宙中的一切甚至是作用力，都是量子粒子[*4]。量子粒子是現實的微小擾動，因此帶有波動性質，所以有不確定性。這些擾動在固定的宇宙中移動，擾動交互作用（一個擾動推動或拉動另一個擾動）時，彼此交換其他類型的波動粒子。我們有強核力和電弱力的量子論，但沒有重力的量子論。

　　另一方面，廣義相對論是古典理論，這代表廣義相對論的發明早於量子力學。廣義相對論並不認為世界（甚至物質和資訊）是量子化的。但廣義相對論非常擅長的工作，就是建模重力。在廣義相對論中，重力並不是兩物質間彼此互相感受的作用力，而是空間的彎曲。當東西有質量，就會扭曲周圍的空間和時間，使附近的東西都彎向這個物體。

　　所以我們有偉大的粒子理論，涵蓋了大部分的基本作用力（量子力學）；我們還有偉大的重力理論（廣義相對論），描述了另一個基本作用力。只有一個問題：這兩個理論幾乎完全不相容。

如果我們能用某種方式合併這兩種理論，那就太棒了！因為我們將有一個共同的理論框架來構建「萬有理論」。遺憾的是，萬有理論尚未完成，而這並不是因為我們沒努力嘗試。

物理學家試圖合併量子力學和廣義相對論時，出現了兩個大問題。首先，量子力學似乎只能在平坦、無聊且無窮的空間上工作。如果你試圖使量子力學在彎曲且搖擺的空間上對重力起作用，奇怪的事情就會開始發生。

你看，首先為了使量子力學能運作，物理學家必須應用稱為重整化的特殊數學技巧，這讓量子力學能處理奇怪的無限大（像是點粒子電子的無限電荷密度或無限多來自於電子輻射的極低能量光子）。透過重整化，物理學家可以掃除地毯下面所有的無限大狀況，假裝沒有任何屍體隱藏在那裡。

呃，不，我從沒看過你的貓。怎麼了嗎？

不幸的是，我們試圖重整化在彎曲空間的量子重力論時，重整化卻失效了。擺脫了一個無限大，另一個無限大就會跳出來。無論怎麼藏，似乎有無窮多個無限大躲在背後。這代表目前為止，所有的量子重力論都做了和無限大有關的瘋狂預測，也就是說它們不能被測試。就我們目前所理解，這是因為重力有種反饋效應：空間愈

---

* 4　更現代也更強大的量子力學描述是量子場論。量子場論闡明宇宙的基本元素是場。場四處存在，粒子是場在某個地方的激發，不過這部分已經超出了本書的範疇。

彎曲，重力會愈大，受吸引的質量愈多。因此，重力有明顯的非線性反饋效應，這是在電弱力和強核力的量子描述中沒有的。

要把廣義相對論整合到量子力學的第二個問題是，兩種理論對重力作用的見解截然不同。如果我們要把重力視為量子力學的一種作用力，那麼必須有傳遞重力的量子粒子，但是這個粒子從未有人見過。從技術上來說，我們直到最近才有了檢測重力傳遞子的技術（請回想第六章〈為什麼重力和其他作用力這麼不同？〉描述的重力）但至今還沒有任何發現。

所以我們很難把這兩個有關宇宙如何運作的理論合併，甚至不知道是否可以把它們合併。我們不知道重力子會是什麼樣子；而目前合併的量子力學理論都會做出偏向無窮大的預測，這是不合理的。

也許我們沒有合適的數學來合併這兩個理論，或者我們合併它們的方式是錯誤的，有可能是其中之一是原因，或者兩者都是！我們知道如何計算量子力學中的作用力，但不知道如何使用它來計算空間的彎曲。

★我們如何知道萬有理論完成了？★

讓我們想像，有朝一日科學家建造了太陽系大小的粒子加速器（我們稱為大到荒謬的大型強子對撞機）。而且我們假設來自這個荒謬高能量對撞機的數據，揭示了物質在普朗克長度（有意義的最小距離單位）的基本元素。

現在讓我們再進一步假設，一旦我們擁有了物質的基本元素，

就能解釋這個物質的基本元件如何與自身交互作用，並一起形成在更大距離尺度下的自然湧現。

這是否表示我們已經完成了萬有理論？

自從奧坎的威廉（William of Ockham）以來 [*5]，科學家和哲學家比較偏好簡單緊湊，而非複雜冗長的解釋。例如，假設有一天你回到家裡，發現游泳池聞起來有狒狒味。在下面兩種可能性中，哪個會比較合理？第一種可能性：某個國際犯罪組織倒了幾滴狒狒香水進去游泳池裡，這是複雜的偷竊計畫其中一個步驟，中間還涉及了歌手小賈斯汀和三名職業籃球運動員。第二個可能性：這只是你的寵物狒狒不聽話，跳進游泳池清涼一下。

如果你有兩個競爭理論，都可以解釋實驗數據，那麼較簡單的理論更有可能是真的（假設你擁有狒狒的話）。物理學家已經非常好運，透過注意到不同的現象實際上是同一枚硬幣的兩個互補面（譬如雷擊和閃電），來簡化我們的理論。

但是類似於「最小的粒子存在嗎？」的問題，我們可以問：「最簡單的理論存在嗎？」我們也許可以證明宇宙有最小的距離，或是宇宙有最小的粒子，但是我們可以證明宇宙有最簡單的理論嗎？我們怎麼知道何時完成了最簡單的理論呢？我們可能會自認為已經達成了，然後遇到某個外星種族，他們的物理學家卻有更簡單的理論。

為什麼你需要 B 呢？

A=B

　　首先要考慮的是，我們如何衡量理論的簡單性：是透過你可以把理論寫得有多緊密嗎？還是透過方程式有多美麗的對稱性？還是它適不適合印在T恤上？

　　一個重要的標準是參數的多寡。例如，假設你建構出萬有理論，在公式裡有一個參數。參數的數值是什麼都不要緊。不過，讓我們假設一個重要參數，就是最基本的粒子「微小子」的質量。讓我們再假設，你必須知道這個參數的值才能使用這個理論（譬如，預測從美洲駝背上掉下來會花多少時間）。當然，你會回頭使用對撞機來測量微小子的質量，然後就可以把它代入理論。你看！理論完成了，你就坐在帶點凹痕的車裡，等待諾貝爾獎委員會宣布你即將得到的大獎。

　　但現在假設有人過來說，她也有個萬有理論，但是她的理論卻有所不同：這個理論已經內建了微小子的質量數值，而且這個理論非得是這個精確的數值否則無法運作。她不必出門去測量，她的方程式告訴她，這個數值應該是什麼。她的理論比你的理論少了一個任意變數。

　　雖然你的方程式在兩種理論中似乎比較全面，但她的方程式其實讓我們更加洞悉宇宙。這是因為她的方程式將會告訴我們，微小子的質量為何必須是這個特定數值（否則理論將無法運作）。她的方程式有較少的參數，也就是說它更簡單、更根本。再見了！諾貝爾獎。

　　重點在於，透過計算有

多少個任意參數的方法，可以釐清我們是否得到了最終的萬有理論。參數愈少，愈接近洋蔥的中心。

也許洋蔥的正中心沒有參數。也許宇宙球根的核心只有花俏的數學，我們知道的所有參數值（如重力常數、普朗克長度或乳齒象踩在你腳上的次數）都是透過這個數學，優美的推導出來的。

目前，標準模型具有許多這樣的參數（下面表列了其中的21個），但甚至沒有佯裝要描述重力、暗物質或暗能量：

12個參數為夸克和輕子的質量

4個混合角決定了夸克間如何互相轉化 [6]

3個參數確定電弱力和強核力的強度

2個希格斯理論參數

1隻鷓鴣棲息在梨樹上（理論假設）

事實上，我們不知道如何確定一個理論是否為最終理論。我們的宇宙可能沒有任意參數，或者也許有任意參數，而且有深刻的涵義。如果我們發現一個彷彿是最終的理論，這個理論裡有數字4，這是否代表有些重要的事情跟數字4有關？

或是說，像這樣的基本參數也許可以在我們宇宙的早期時刻隨機設定，而在其他口袋宇宙中，它們具有不同的數值。詳見我們在第十四章〈大霹靂時發生了什麼事？〉討論的多重宇宙，但要警告你，這些想法大都偏離了可測試並推翻的科學假設，並深入到不可測試的哲學理論。

★得到我們的萬有理論★

由於我們與探索普朗克長度還差了十五個數量級，而且我們仍然在奮力尋找統一理論，來描述宇宙微薄的 5%，也許現在是嘗試替代方案的時候了。

如果我們不是一層層的穿進洋蔥，而是從正中心開始？

現在，我們離洋蔥的中心非常遠，可以自由推測現實看起來像什麼。

洋蔥宇宙食譜

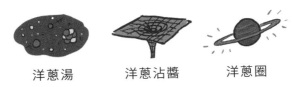

洋蔥湯　　　　　洋蔥沾醬　　　　　洋蔥圈

也許宇宙是由某種微小粒子、小香腸，或微型狒狒製成的。

只要你假設的萬有理論最終預測了我們今天看到的粒子和作用力，技術上來說沒有任何東西可以駁斥你的理論。如果這種說法讓人覺得，宇宙的本質像是沒有規則的大型智力遊樂場，你的感覺並沒錯，不過只有當你是哲學家或數學家時，才是這樣。如果你想對理論進行科學研究（嗯！物理學家），你的微型狒狒理論必須做的，不僅是描述電子如何從「超狒狒子」中做出來，還必須做出某種可測試的預測，以便我們驗證這個理論，並把它與「微小子」和「小香腸子」區分開來。

★弦論★

在近代的理論物理學中，最受歡迎卻又最有爭議的，可能是「弦論」。弦論表示宇宙有十到十一個（甚至更多）時空維度。許多這些新的維度對我們來說是不可見的，因為它們捲了起來或非常的小（第九章〈到底有多少維度存在？〉中，有討論為何這並不是胡扯），而且維度內填滿了微小的弦。

這些弦會振動，而且不同的振動方式，看起來會像我們已經發現的各種粒子。它們甚至可以描述我們還沒有看到的粒子，如重力子。更棒的是，弦論在數學上將是優美的，在理論上是迷人的。弦論是真正的萬有理論，因為它統一了所有的作用力，並在最基本的層面上描述現實。在你決定登錄為「弦論教會」的真誠信徒之前，應該了解一些細節，或者我們可以把它們稱為問題。好吧！是擔心。嗯！也許是很大的問題。

第一個問題是，雖然弦論能描述整個宇宙，但是它還沒有達到這個地步。目前為止，物理學家還沒有找到弦論不能成為萬有理論的理由，但是弦論離完備還遠得很。相關的數學仍在發展中，有些項目仍然需要落實，才可以被認定是能提供完整描述的理論。

這使我們陷入了第二個問題：弦論仍然只是描述性的理論，還不能做任何可測試的預測。只是因為理論沒有矛盾，而且在數學上很吸引人，並不代表它是有效的科學假設。

　　為了知道宇宙的最小單位是否為微小子或振動弦，每個理論都必須做出可測試的預測。由於弦論到目前為止只能處理在普朗克長度下的物體，所以不能進行科學測試。就像深太空凱蒂貓理論一樣，它可能是真的，也可能不是真的，但是如果沒有實驗驗證，它就是哲學、數學或信仰的問題，而不是物理學的課題。

弦論其實就是貓鬚理論

　　實驗技術絕對有可能在未來的日子裡大幅提升，聰明的理論家將以弦論獨特的預測，在可測試的距離內（因此得以測試）找到宇宙的特徵。但是，這個目標至今尚未達到。

　　弦論的最後一個問題與參數的數量有關。弦論預測的動力學是由時空維度的數量和形狀所決定，而且我們有很多方法可以選擇這些維度。不僅僅是很多而已，是高達 10^{500} 種這麼多，比宇宙中的粒子數量多出 10^{410} 倍，比你臉書上的朋友數量多出 10^{497} 倍。不過，弦論的新配方可望減少任意選擇的數量，但如果你要透過參數的數量來判斷理論的完備性，那麼這個理論還有很長的一段路要走。

★來個迴圈吧★

　　要得到萬有理論，還有一個完全不同的方法，是想像空間在最

小的層次經過了量子化。在這個理論中，空間是由稱為迴圈的微小不可分割單元構成，每個迴圈是普朗克長度（10^{-35}公尺）的大小。如果你組合足夠多的迴圈，可能會得到所有的空間和物質。

這個稱為「迴圈量子重力」（Loop Quantum Gravity）的理論可以統一重力與其他作用力，並把宇宙的本質解釋到最小的單位。不幸的是，它與弦論有一樣的困難：沒辦法驗證，因此不能晉升為科學理論。迴圈量子重力論有一個特定的預測：「大霹靂是稱為大反彈（Big Bounce）的循環之一，宇宙在這個循環中，重複的擴張和收縮。」雖然這個理論也許可以驗證，但是你必須等待數十億年，直到下一次的大反彈發生時，才能去領取令人垂涎的諾貝爾獎[7]。

萬有理論彩虹編織

這些只是初步的幾個步驟。我們希望，在這些想法之上，或受到這些想法的啟發，甚至是源於一群思慮周到的狒狒所進行的瘋狂冥想法會，某些物理學家能夠建立一個理論，這個理論除了可以解釋一切事物，還能做出可測試的預測。

---

*| 7　諾貝爾獎不能死後追贈，因此如果你在證明你的理論時死亡，會是加倍的掃興。

★萬有理論有用嗎？★

萬有理論能夠幫助我們回答有關日常物體的問題嗎？

實際上，它不是很有用。

即使「萬有理論」將向我們揭示，宇宙在最基本層次上的內在工作機制，但是它對於實際的事情（譬如在設計覆蓋游泳池的防猴網上），可能不是很有用。

我們把宇宙視為湧現的多層洋蔥，這個想法的有趣點在於，在不同層次下的不同理論可以同時都是正確的。例如，假設你想要描述一個彈跳球的運動。你可以使用牛頓物理學（你在高中學的那種），把球視為受重力拉動的物體。在這種情況下，你會得到一個簡單的拋物線運動，可以用單獨一行數學方程式寫下來。

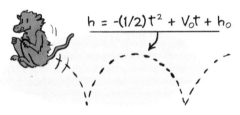

$$h = -(1/2)t^2 + V_0t + h_0$$

彈跳的狒狒似乎會使圖形更好看。

另一方面，你也可以用量子場論來描述彈跳球。你可以針對球內部大約 10^{25} 個粒子的每一個，建構量子力學模型，並追蹤每個粒子對彼此與對環境發生的所有事情。雖然原則上有可能做到，但是這方法完全不切實際。理論上，量子場論得到的結果，應該跟宇宙洋蔥得到的一樣，但實際上幾乎不可能這樣去做。

如果我們有了在現實上最底層的正確理論，原則上我們可以從這個理論推導出星系、流體力學或有機化學的配方。但實際上，這

樣做是荒謬的，而且這不是做科學的好辦法。

令人驚訝的是，宇宙在很多不同層次上是可理解以及可描述的。你不必從最底層開始從事有機化學，或了解我們對狒狒的痴迷。如果

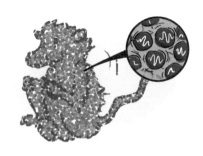

你需要從最底層開始，會是巨大的痛苦，不是嗎？沒有人期待衝浪者能理解弦論，並計算10^{30}個粒子在波浪中的運動，以便站在衝浪板上。同樣的，烘烤蛋糕時，你不會想要以夸克和電子為材料的食譜[*8]。

步驟一：創造大霹靂
步驟二：等140億年
步驟三：……

沒有人想要過度精確的食譜。

如果早期科學家一定要從非常基本的粒子出發，來開始人類的發現之旅，那麼我們就不會有任何進展。

---

*| 8　你那裡的超級市場有販售大量的夸克和電子，但並沒有把它們分開包裝。

★ 從頭頂到腳趾 ★

尋求萬有理論是在做一件科學上從未達成的事：揭示我們宇宙最深刻、最基本的真理。

到目前為止，我們已經自我證明，我們善於為周圍的世界建立有用的描述。從化學到經濟學到猴子心理學，我們已經把很多這些描述用於改善生活，幫助我們建立社會、治癒疾病，並獲得更快的網路速度。雖然這些描述不是根本的而且僅描述湧現，但並不代表它們比較沒有用或沒有效。

但這些理論缺少的，是揭櫫令人滿意的宇宙真正運作機制。

我們想知道最深切的真相。並不是因為真相可以幫助我們解決狒狒的行為問題，或改善我們狂看網飛（Netflix）的行為；而是因為真相可以幫助我們了解，我們在宇宙中的位置。

你要找到
自己的地方。

不幸的是，與宇宙中絕大多數的大哉問一樣，我們也不知道「萬有理論」究竟是什麼樣子。現在我們懷疑，我們知道的最小粒子（電子、夸克等等），可能比宇宙的基本構造塊大 10^{15} 倍。想像一下星系有多大，再同時想像恆星是宇宙中最小的物體。這就像是我們離真正的萬有理論到底還有多遠。

而我們還沒有很成功的用一個理論描述所有的作用力。儘管有

一個世紀的調解和寵物治療，重力仍不能好好的跟量子力學玩。我們甚至不保證宇宙中有萬有理論。

但是，以上這些沒有一項能阻止我們繼續尋找萬有理論。目前為止，每當我們剝開一層現實，每當我們朝宇宙洋蔥的核心邁出一步，就會發現新的和奇異的結構，使我們對自己的生活方式產生了不同看法。

注意：物理也許會讓你嘴裡有洋蔥味。

17

我們獨自存在於宇宙中嗎？

為什麼沒人來拜訪？

如果你去國外旅行，你會發現當地人與你自己的生活方式，有許多迷人的不同。

那裡的咖啡，是較大杯但比較淡，還是較小杯但比較濃？洗手間是有門的小房間可以遮蔽隱私，還是單薄的小隔間無法掩蓋旅客的消化不良？點頭代表的為「是」或「不是」，還是「要求在你的冰沙裡多加眼球和觸手」？他們吃東西是用叉子、筷子或手，還是用訓練有素的蝴蝶？他們開車是靠左邊、右邊，還是兩邊皆可[*1]？更重要的是，他們的生活是靠自己累積資產、尋找愛情飯票，或是依賴親戚？

陌生人在陌生的隔間

　　另一方面你也會發現，有很多東西和你在家裡的生活方式類似：國外的人還是吃飯、睡覺，和對方說話。也許他們的早餐有小眼球回瞪著他們，或他們用鞋子喝淡咖啡，但是他們終究跟你一樣要吃也要喝。

　　重點在於，參訪其他文化可以讓你學到在你的文化中，哪些部分來自人類深刻的基本需求（飲食、睡眠、咖啡因等等），對人類是普適的；哪些部分是局域隨機的選擇。對我們來說似乎是基本的東西（廁所、餐具、觸手早餐等等），卻很容易因地方不同而有所歧異。看見另一種文化是最好的學習方式，讓你明瞭哪些東西你以為是普適的，但實際上是局域的。

普適常數

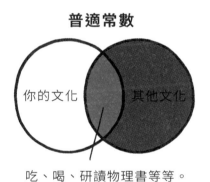

吃、喝、研讀物理書等等。

　　應用在早餐食物上的原則，也同樣適用於科學。我們對宇宙的許多誤解來自於過度泛化了我們的局域經驗。例如，過去數千年來，人類誤以為自己座落於宇宙中心，或者更糟糕的是，以為我們的世界就代表整個宇宙，星星和太陽只是為我們而生的道具。鑑於我們的局域經驗，這些對我們來說都曾經是完全合理的。

也許再過五千年，人類回顧目前的觀點時，會發現此刻的我們同樣天真得令人尷尬。天文學已經給我們上了艱難的一課：我們只不過是住在極大的宇宙中、不很特別的角落裡、一個微小斑點內、十分渺小的一群人。若只從我們單方面的角度看宇宙，我們到底還誤解了什麼其他的事情？如果我們假想的普適宇宙，其實只是局域的呢？搞不好你可以在凌晨三點鐘於半人馬座 α^{*2} 附近外帶美味的水煮眼球？

但關於我們經驗的普適性，也許我們可以問的最重要問題攸關生命本身：生命在宇宙裡是普遍的，還是罕見的？

宇宙充滿了生命嗎？或者我們是唯一的存在？如果只探索地球和附近的鄰居，很難得到我們是否單獨存在於宇宙中的結論。我們是否就像是生活在叢林裡，未接觸外界的原始部落，對周圍大量的文明一無所知？或者，我們更像是孤立的生命綠洲，座落在巨大、空曠、了無生氣的沙漠中？不幸的是，這兩種可能性都符合我們的局域經驗，以致於我們無法區別。

假如宇宙中另有智慧生命存在（這是超大的假設），第二個問題是：為什麼我們從來沒有與他們相遇？為什麼我們沒有收到任何訊息、信件，或生日派對邀請函？我們是宇宙裡唯一清醒的文明

嗎？還是其他文明距離我們太遠，或有意忽視我們，把我們當成了
銀河系躲避球賽裡的宇宙出局者？

　　最後，如果智慧科技生命與我們聯繫，我們可以從與他們的談
話中學到什麼？他們已經弄清楚我們仍然未知的世界了嗎？我們大
多使用電磁輻射（也就是「光」）來探索宇宙，因為我們的眼睛也
用光來探索世界。也許外星人發現，宇宙沐浴在資訊的其他種形式
（微中子或一些我們不知道的粒子）裡，並且對萬物如何運作有完
全不同的想像。也許外星智慧生命甚至沒有眼睛！以上所述，純屬
臆測，但所有情況皆有可能發生，而且我們不知道哪個情況跟我們
的宇宙相當。

　　即使是「從外星人那裡學習東西」的想法，也是對有意識的生
命處理事情的方式，做了很多假設。外星智慧生命在彼此傳遞訊
息時，是透過寫書還是直接用大腦連結？數學是他們思想的一部
分，或只是人類的發明？他們研究科學嗎？令人尷尬的是，我們直
到最近才開始研究科學。即使是現在，我們的科學大多只是在喝咖

---

* 2　譯注：半人馬座α（Alpha Centauri）就是我們說的南門二，是離太陽最近的恆星系，
　　距離只有 4.37 光年。

啡時偶然靈光一現的見解，很少是午後的實際進展。

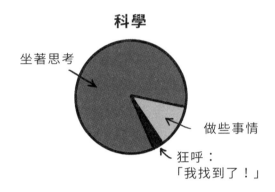

在這一章，我們將討論有關生命的最深刻問題，包括我們的知識現狀和我們所不知道的部分：我們是唯一的智慧生命嗎？如果我們不是唯一，為什麼沒有智慧生命跟我們聯絡？我們想聯絡其他智慧生命嗎？如果智慧生命聯絡我們，我們可以了解生命、宇宙和所有的一切嗎[*3]？

★還有其他智慧生命存在嗎？★

如果我們是全宇宙裡唯一的生命，這對我們的經驗和我們的星球來說，是非常匪夷所思的。我們獨自存在於這麼龐大的宇宙

裡，代表生命是極罕見的。如果宇宙是無限的，那麼某樣東西成為宇宙的唯一案例，就不僅僅是罕見而已，更是接近不可能。在無限宇宙中，任何事情即使機率再小也會發生。事實上，任何具備有限機率的東西，都會無限的經常發生。只有無限小機率的事情，才會恰好只發生一次。

另一方面，如果我們不是宇宙唯一的生命，那麼我們就更會覺得：生命，甚至是我們的智慧和文明，並沒有讓我們在宇宙中有特殊的地位。這代表人類的經驗，幾乎無法揭露任何攸關宇宙本身深刻有趣的東西。這都是令人謙虛和興奮的。

究竟哪一個為真：我們是特別的，還是無聊的呢？

問題在於，從我們單一的地球經驗，很難推斷出更為普遍的理解。可能有兩種答案，但我們無法區別哪一個是對的：一、我們是宇宙中唯一的生命；二、宇宙充滿了生命，我們還無法看到的原因，是因為他們離得太遠或太過奇異，以致於我們無法注意到或辨認出來。

想像你是小學生。有一天，你平常的數學測驗意外的附上解答！起初你很興奮，接著你開始懷疑：你是唯一有解答的人嗎？也許這是練習考，但沒人告訴你；或也許有其他孩童也得到解答，

但他們不想讓人知道。你不曉得你是否為唯一一個如此幸運的學生，還是每個人都有解答。如果其他學生沒有解答，他們也永遠都不會知道要問。因此，你擁有解答的事實並無法告訴你：你是否是特別的。你不能從你的局域經驗中了解所有的一切。

用生命當例子會好一點，但沒好太多。例如，我們可以在地球上四處詢察，研究各種生命形式。如果某些特徵在生物之間有很大的差異（如膚色、喜好的冰淇淋味道），那麼我們可以相信，這些特徵對生命來說，不是必要或基本的，而且生命在其他行星上可能有完全不同的特徵（也許大蒜冰淇淋在茲力布洛克西亞星上大受歡迎）。另一方面，如果地球上所有的生命形式都有共同特點（例如，需要能量源和水），我們可以推測這些共同點可能適用於各處的生命。這個論點有很強的說服力，因為我們可以展示，生活的共同元素已經獨立發展了好幾次，例如，眼球（沒在開玩笑喔！）。

透過數學的幫助，我們可以逐項分析這些問題。例如，如果你想估計社區人口數，可以進行挨家挨戶的調查，或者可以做簡單估算，把所在社區的房屋數量乘以平均每戶的人口數。

同樣的，我們可以用數學公式來估計，有可能與我們通訊的智慧物種數量（N），公式詳列如右頁：

$$N = n_{恆星} \times n_{行星} \times f_{宜居} \times f_{生命} \times f_{智慧} \times f_{文明} \times L$$

其中每項代表的意義是：

$n_{恆星}$：銀河系中的恆星總數

$n_{行星}$：每個恆星擁有的平均行星數

$f_{宜居}$：可以支持生命存在，且適宜生命居住的行星比例

$f_{生命}$：宜居行星實際發展出生命的比例

$f_{智慧}$：有生命的行星演化出智慧生命的比例

$f_{文明}$：智慧物種發展出技術文明，而且能把資訊或太空船發送到太空的比例

L：智慧物種與我們同時存在的機率

這個數學公式〔稱為德瑞克公式（Drake equation）〕非常簡單，但很有用，因為它把問題拆解成項。德瑞克公式表明，如果公式裡的任一項為零，那就算外星智慧物種存在，我們也永遠收不到他們的訊息。

但要記住，這個估計只是基於我們局域的生活經驗。畢竟，我們在根本上受到缺乏星際旅遊的限制。我們可以精心策劃一個表

單，詳細列出關於生命最普遍的要求，但是這些項目可能只包含了我們所知的生命。生命可能會以我們目前無法想像的形式存在，例如，代謝速度非常緩慢、生命週期貌似不可思議的長、或者是極荒謬的生物體，或本體與環境彼此之間界限模糊的生物。所以請記住，我們對智慧生命的要求可能大錯特錯，唯一可以確認的方法，就是在宇宙的其他部分找到案例。

記住了這幾點警告，我們就來逐項處理這個公式。

★ 恆星總數（$n_{恆星}$）★

天文學家已經確定銀河系有大量的恆星，總數達到1,000億。從這麼大的數字開始估算，不免令人振奮，因為公式中的其他項有可能是很小的機率。

據估計，在我們的可觀測宇宙中約有一至二兆個星系，既然如此，我們為什麼只專注於銀河系？主要原因在於，雖然銀河系裡的恆星與我們相距遙遠，但其他星系與我們的距離更是無可救藥的遠。除非我們依賴諸如蟲洞或曲速引擎之類的漏洞，否則要在這麼大的尺度下旅行或通信，可以說是幾乎沒有什麼希望。現在，讓我們先專注於銀河系，把其他數兆個星系帶來的額外倍數收進口袋裡。如果我們太氣餒的話，再把這些外星系拿出來提高數量。

這本書叫我們先把幾兆個星系收進口袋裡。

★適合生命的行星數 （$n_{行星} \times f_{宜居}$） ★

銀河系裡，有多少個恆星擁有能蘊藏生命的行星？什麼樣的行星可以孕育生命？像地球這樣的岩石行星是唯一的類型嗎？還是生命有許多可能的棲身之所？

舉例來說，也許有些生命形式能生存在冷凍氣態巨行星大氣層的上層，或能優游在微小熱行星的熔融表面岩漿裡。

現在，讓我們專注研究類地球行星的數量。不像氣態行星，這種行星屬於岩石世界，它們的尺寸和表面太陽能的總量皆與地球相似。以這種方式來考量會有更多限制，但也更加真實，因為地球是我們目前所知，唯一擁有生命的行星。

那麼銀河系中有多少個像地球一樣舒適宜人的行星？我們的望遠鏡不夠強大，無法看到可能繞著明亮遙遠恆星運行的微小黑暗岩石。這些行星不僅離我們太遠所以看不見，而且它們比我們更加接近它們的恆星，這代表它們受到過度照明。而如果你盯著巨大的亮點，是永遠不會注意到它旁邊的小石頭的。

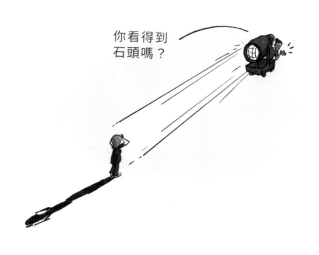

　　這就是為什麼我們直到最近才知道，有多少行星繞著恆星轉，並且在這些行星當中，又有多少個與地球相似。過去十年，天文學家已經開發了一些非常聰明的技術，來間接檢測行星。天文學家可以在恆星的位置尋找微小擺動，這些擺動代表恆星受到行星輕微的重力拉扯。天文學家還可以尋找星光週期性的下降，這表示行星正從恆星前面繞行而過。藉由這些技術和其他方法，天文學家已經發現了某些令人難以置信的結果：銀河系中五分之一的恆星擁有一個尺寸與地球相似的岩石行星，而且這些行星表面受到的太陽能量，與地球相當。這表示銀河系中跟地球類似的行星，數量有數十億之多。喔耶！這對於新興的外星旅遊業來說，真是好消息。

五星中得一星
有類地球行星在軌道上轉
的恆星比例
或
對新眼球冰沙餐廳的
平均評價

★有生命的宜居行星比例（$f_{生命}$）★

　　如果只關注銀河系，我們知道大約有 1,000 億顆恆星，而類地球行星的數量大約有 200 億顆。也就是說，銀河系約有 200 億個製造廠，能產生許多創造生命的培養皿。這數字看起來十分令人振奮，但現在我們進入更加困難的部分：有多少宜居行星實際上孕育著生命？

　　在思考這個問題之前，讓我們先問另一個問題：什麼是生命的必要成分？從地球上各式各樣的生命研究，我們可以得出結論：水似乎是必要成分，水用來做很多複雜的化學和運輸；大量的碳似乎也是必需的，才能製造許多複雜的化學物質，並提供支持結構（如細胞壁和骨骼）；此外還需要氮、磷和硫，主要是為了製造DNA和至關重要的蛋白質。

　　如果沒有這些元素，我們所知的生命形式可以存在嗎？有人曾經提出假設，矽可以替代碳。這個有趣的案例是我們試著廣泛思考的結果，不過由於矽（十四個質子）比碳（六個質子）更重、更複雜，因此矽的量可能不夠充沛，不足以為生命開創新途徑。

　　不過，一個更棘手的問題是：這些成分是否滿足生命的充分條件？如果你有一個舒適溫暖的行星，那裡有廣大的海洋，海洋裡有大量的生命元素四處晃動、彼此碰撞，在這個情況下，生命開始的機會有多少？這是生物學界最深刻和最基本的問題之一，但也很難回答。我們知道，地球表面在有水之後，還要經過數億年，生命才開始。但是我們對中間的諸多細節知之不詳，我們當然不知道，攪拌化學湯及等待的時間，究竟是不尋常的短還是驚人的長。

　　科學家認為，活的生物體可以從沒有生命的湯創造出來，並且已經嘗試重複進行一些生命起源的必要步驟。有一個著名的實驗步

驟如下：科學家從含生命元素的化學湯開始，並在其中添加電火花，模仿閃電擊在原始地球上的效應。實驗結果並沒有創造出科學怪人，但是形成了一些生命必要的複雜分子。這說明了，你可能只需要把生命的組成元素擺在一起，接著等待地熱、閃電或外星雷射武器注入正確的能量，就可以啟動生命。

目前為止，我們仍然不太了解地球上的生命如何從沒有生命的環境中創造出來 [4]。如果知道更多地球生命起源的奧祕，我們就可以合理論述，生命在其他類地球行星上開始的可能性。在此之前，我們根本就毫無所知，像我們這樣的設置是每次都會有生命發生，或是每一百萬次、甚至是每數十億次才發生一次。請記住，可能會有其他截然不同的生命形式存在，而且每個生命形式都有屬於自己從無生命湯開始的機率。

事實證明，地球不是我們附近唯一一個擁有生命基本化學元素的地方。我們已經在火星上發現了許多生命基本元素（包括液態水！）但直到現在，並沒有發現任何生命的跡象。

噢！這就是人生啊！

太陽系的其他地方可能不會是你的五大首選渡假聖地，但它們卻是孕育生命的合理候選星球。木星的衛星（歐羅巴）被認為有巨大的地下海洋，土星的衛星（泰坦）有大氣層和化學物質海洋，可以用來建立早期的生命形式。雖然，這些發現與在那裡找到實際生

命還差得很遠，但至少確定生命的化學成分似乎很普遍。

我們來憑空猜一猜，我們有多麼確定生命是從地球開始的？在所有難以置信的可能性中，有個聽起來像是科幻小說，但仍有機會成真的說法就是：生命始於它處，並透過隕石來到地球。

我們聽到你對這個想法嗤之以鼻，可能是因為你想像成，微生物建造了微型火箭，並且花了令人難以想像的時間旅行，登陸了地球。其實，微生物不需要建造火箭，就可以在行星或恆星之間旅行。當某個大東西（比如巨大的小行星）撞上行星，這個撞擊可以把行星的一小部分送到太空，翱翔一段時間，有時候是很長一段時間。有時這些部分在太空中漂泊數十億年，有時因太靠近恆星而爆炸，但偶爾也會落到另一顆行星上。科學家已經在地球上發現某些岩石，幾乎可以肯定這些岩石是透過這種機制，從火星來到地球。所以岩石確實有可能因為撞擊炸裂，而從另一個星球來到地球。如果這些岩石內部碰巧包含活生物體或微生物，甚至是可以在太空真空環境下生存的微型動物[5]，那麼微生物生命從一個行星跳到另一個行星，並不是不可能的（儘管仍舊令人難以置信）。

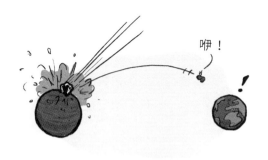

*　4　特別是本書作者，因為我們都不是生物學家。但即使是我們認識的生物學家，也承認在生命起源的問題上，與本書作者一樣無知。

*　5　請在谷歌查尋「緩步動物門」（tardigrade）或「水熊」。準備嚇一跳吧！

如果這是真的（我們沒有任何證據），這代表外星人確實存在，因為我們就是外星人！事實上，科學家曾經發現一個明顯來自火星的岩石，甚至在它內部也觀察到許多奇怪且無法解釋的類生命形狀，這些形狀非常類似於地球上的微生物，但是許多科學家很懷疑，這些形狀是否能當火星生命的證據。然而，火星岩石確實證明，如果在火星（或其他地方）曾經有生命，火星生命可能會搭便車把生命種子帶去其他年輕的地球。

除了懷疑我們的曾曾曾祖父母是外星人，這個想法還給了我們一個機會。如果生命存在於其他行星上，我們可以透過檢查小行星來發現外星生物的證據。這些星際垃圾可能沒有創造生命的條件，但如果小行星是從遙遠的行星炸裂出來的，它們可以攜帶來自遙遠世界的生命證據。

★ 有智慧生命的宜居行星比例（$f_{智慧}$）★

一旦有了微生物，還需要什麼其他條件才能形成複雜生命，並接著產生智慧生命呢？

很顯然，你需要足夠長的時間，意思是可能破壞生命的事件不能連續發生，必須相隔很長的時間。在地球上，智慧生命出現在五萬到一百萬年之前，不過這取決於你對智慧定的門檻（有些人認為我們人類都還不算有智慧）。那是生命開始的數十億年之後，所以這不是快速的過程。

這對生命可能出現的地方產生了一些限制。例如，如果你的行星太靠近銀河系中心，那麼它將沐浴在中央黑洞和中子星發出的破壞性輻射中。這些輻射可能大幅消滅脆弱的生命化學。

有用的生命材料

✔ 碳
✔ 水
✔ 磷
✔ 氮
✔ 硫
✔ 防曬霜

　　還有一個好理由，會讓你不想太靠近較老的恆星和密集的銀河系中心：所有在它們附近的物體，都可能撞擊太陽系裡的大流星和小行星，或以重力干擾運行軌道。當某些流星和小行星因此撞擊行星表面，會導致物種滅絕事件。某些科學家猜測，我們的太陽系有兩個巨大行星（土星和木星），繞行在比我們與太陽的距離更遠的軌道上，並扮演宇宙吸塵器的角色，為我們吸住許多可能對地球構成危險的物體。

　　另一方面，你不可能離銀河系中心太遠，因為你必須有夠多的重元素，才能製造複雜的化學成分。這些元素只能在恆星中心的核融合反應中形成，然後在恆星崩塌和爆炸時散布。這些恆星在銀河

系邊緣非常稀有，所以行星不能離銀河系中心太遠。但你需要的不只是足夠長的時間；也許智慧生命並不是必然的，還需要好運氣或特殊狀況。智慧生命需要有靈巧的手，才能開發工具和控制環境嗎？技術文明是否需要複雜的社會團體，才能形成語言和符號思維？如果恐龍沒有被巨大的小行星消滅，那麼地球上的智慧生命還會存在嗎？我們不知道。

簡而言之，幾乎沒有任何資訊可以告訴我們，生命有多大機會能變成複雜生命，或發展智慧或技術。許多人推測過這些問題，有些人甚至為了生命應該是罕見的或普遍的，而做出看似合理的論證。但最終，這些論證絕大多數是從我們的局域經驗推斷出來，而且都有同樣的缺陷：我們不曉得自己的智慧生命，在哪方面是局域以及不必要的，又在哪方面是普遍而且必要的。

你可以想像這本書是哺乳動物寫的嗎？

太荒謬了！

在檢驗地球上智慧技術生命演化的具體細節後，我們很容易得出結論：所有這些細節都是必要的。其中某些在宇宙中必定是獨特的，甚至可能是罕見的。這是否代表生命是罕見的呢？不見得。關鍵的問題是，我們的經驗是否代表唯一的可能途徑，或只是通往我們所知生命的諸多可能途徑之一，抑或是通往我們從未想像過的生命的許多可能途徑之一。

這個 $f_{智慧}$ 因子可以是 1、0.1 或 0.0000000000001，甚至更小。

★ 有先進通信科技文明的比例（$f_{文明}$）★

為了便於論證，讓我們假裝迄今為止，（$n_{恆星} \times n_{行星} \times f_{宜居} \times f_{生命} \times f_{智慧}$）仍然算出有大量智慧物種存在於銀河系裡。為何我們可以做這個假設？除了它讓我們能夠繼續思考公式的其他項，避免突然結束本章之外，我們並沒有好理由。

如果在銀河系中有其他智慧生命，而且他們甚至生活在附近的恆星上，我們要如何探測？我們探索宇宙的工具，主要是用範圍相當廣的電磁輻射頻譜，如無線電波、可見光、X射線等等。我們偏好使用電磁輻射，是根植於我們對視力的熱愛，因為這是我們用眼看的方式。但外星人用什麼看東西呢？也許他們喜歡用微中子束線發簡訊，或利用暗物質的衝擊波，或使用空間本身的波紋。我們不知道外星人的主要感覺器官可能是什麼（或他們是否有感覺器官），也不知道他們可能會對什麼特別敏感。

明信片？

另一種可能性是外星智慧生物不透過輻射通信，而是發送機器人探測器來探索銀河系。如果這些探測器具有挖掘小行星和繁殖的能力，那麼數量就能以指數成長，並且可以在一千萬到五千萬年的時間內探索整個銀河系。這聽起來像是很長一段時間，但與銀河系

的壽命比起來卻相當短。

　　但再一次，我們將做一個簡化的假設：「外星人使用電磁輻射」，並加上未知概率來涵蓋必要的巧合。對於這個假設，除了它能夠讓我們的思路繼續進行之外，我們沒有什麼好的理由來解釋。

　　如果外星智慧生物沒有向我們發送信息，而是盲目的廣播訊號到太空，或只是從他們當地電視臺和無線電傳輸中洩漏電磁輻射，那麼除非我們非常接近外星智慧生物或建立更大的望遠鏡，否則我們不太可能收聽得到他們的訊息。這種信號太弱了。像這樣廣泛播放的微弱信號，即使用最強大的電波望遠鏡（譬如在波多黎各的阿雷西博望遠鏡），最遠也只能聽到約三分之一光年左右之處。但距離我們最近的恆星超過三分之一光年的十倍遠。為了讓我們收到來自遙遠恆星的消息，外星智慧生物肯定是要幾乎直接瞄準我們的宇宙社區來傳送訊息，而不是盲目的播放。

你在傳送什麼？　　電視購物節目。

★我們同時存在的機會（L）★

　　宇宙不僅僅是很大的地方，它也非常古老。超過130億年的宇宙歷史足夠讓恆星多次形成、燃燒、黯淡及死亡。任何近期的恆星循環（一旦夠重的元素形成）都能創造類地球行星，並且成為適合生命條件的絕佳候選者。這代表外星種族存在的時間可能延續得極

長。但是，若要與外星種族通信，我們彼此要同時存在。

科技社會能存在多久？以我們有限的經驗很難推斷出來。不過人類文明歷史即使是在數百年的時間尺度上，已充滿了興起和滅亡的循環。我們的社會比以前任何時候都更容易自我毀滅。我們會在未來五百年、五千年或是五百萬年內，持續收聽外星訊息嗎？那時，人類文明還存在嗎？

外星人完全有可能已經存在、繁衍、發送訊息到太空，然後已在一百萬或一億年前（甚至在未來）自我毀滅了……。我們若要能夠和外星人交談，外星人若不是很常見，就一定要生存很長的時間。

想像一下，如果你還在讀小學，學校隨機分配了每個學生的休息時間，而不是讓所有學生同時休息。你有多大的機會能與朋友或甚至其他人一起休息呢？假使你的休息時間是五秒鐘，而學校只有兩個學生，那麼你只能自己一個人玩躲避球。但如果你的休息時間長達五個小時，或學校有200億個學生，那麼會有很多人陪你玩。

★那麼智慧外星人在哪裡？★

即使我們在德瑞克公式中的每一項變數，都帶入樂觀的數值，並假設銀河系充滿長壽的外星科技種族，我們還需要回答很多問題。

外星人想跟我們說話嗎？從我們的角度來看，這個問題可能看起來很荒唐：誰不想和外星智慧物種溝通？想想我們可以學到多少東西！但這個回應假設了很多文化共同點。我們不知道這些假想的外星人想要什麼。也許他們曾經與另一個物種進行溝通但結果不佳，因此他們正在休一萬年的長假，不查看星際電子郵件或更新太空臉書。

朱外星
狀態：休息
最後發布：1萬年前

即使在超幸運的情況下，真的有智慧外星人存在，他們使用無線電進行通信並住在銀河系附近，而且正直接對我們發送簡訊，我們能夠知道嗎？雖然我們有電波望遠鏡監聽天空，但我們不清楚外星人發送什麼樣的訊息。當然，我們知道自己會如何發送訊息，但是為了讓外星人向我們發送我們能夠辨認的訊息，我們需要發展一大堆與他們相同的知識，例如：符號通信、數學編碼系統、相似的時間感等等。外星人可能思考得太快或太慢，以致於我們不能辨認出他們的訊息（如果他們每十年才發一個字元，會怎麼樣？）。外星人有可能正在發送訊息，但是我們無法區別他們的訊息與單純的雜訊。

* 妳的爐子沒關。

　　1977年，俄亥俄州的電波望遠鏡檢測到一個奇怪的訊號，這個訊號持續了72秒，它起源於射手座方向。訊號非常強大，強度變化的程度，符合你對來自深太空訊號的期待。當晚值班的科學家馬上把訊號在列印紙上圈起來，並寫下「WOW！」（哇！）。可惜的是，我們從未再次聽到「WOW！」訊號（不是因為沒繼續聽），儘管沒有令人信服的地表源解釋，但這訊號不能明確的解釋為外星訊息。（這並沒有阻止科學家在2012年發送答覆，以防萬一）。

　　更糟糕的是，我們不能排除偏執的情況。也許古老的外星種族包圍著我們，避免與我們聯繫，以便觀察我們的自然進程，就好像我們是住在荒謬的宇宙動物園裡一樣。或者也許有許多科技種族，但是出於萬分的謹慎和對入侵的恐懼，他們都只是沉默的聆

哈囉！
有人在嗎？

看！不同掛的
鄰居來了。

聽。或者也許他們已經隱祕的訪問過我們，但是我們毫不知情。鑑於我們對假設存在的外星種族以及他們假設的科技一無所知，任何可能性都要攤開來討論。

★ 大家在哪裡？★

為什麼我們還沒有在其他行星上找到生命？有可能所有生命形式都是罕見的嗎？或是微生物是常見的，但複雜的生命是罕見的？或者複雜的生命無處不在，但智慧文明不常見？或者使用iPad技術的宅男外星人遍布銀河系，但不跟我們說話？或智慧外星人曾在一百萬年前存在過，但已經滅亡了？或是他們以我們不懂的方式跟我們說話？

儘管我們嚮往可以從與外星人接觸中學到東西，但是第一次接觸的危險也是真實的。細想在人類歷史上，當強大的文化遇到較弱的文化時，會發生什麼？較原始的一方很少會有善終。由於我們還沒有能力訪問其他行星或恆星，我們應該廣播自己的存在，並邀請銀河系附近的任何人來造訪，請他們自在享用我們冰箱裡剩下的餡餅（或更糟糕的是，我們自己）嗎？

★我們可以從外星人身上學物理嗎？★

由於載人（或載外星人）的星際旅行十分艱巨，撇開與外星人進行實際接觸的想法，如果我們只是與外星人談話呢？

想像一下，這樣的對話會是什麼樣子。由於距離遙遠，每個訊息都需要幾年（或幾十年、幾個世紀）的傳輸，在最樂觀的情況下，也就是他們的思想運作與我們類似，仍然需要幾個訊息來取得基本的通訊協議。宇宙的巨大規模和相對緩慢的速度極限，代表任何這樣的談話都可能需要花費數個世代。按照我們社會的變化速率和科學觀點的持續發展，我們可能會在得到回覆時，發現我們的問題過於愚蠢或選得不好。

★我們是孤獨的嗎？★

也許有一天你會按著《寂寞星球指南》造訪其他行星（儘管那時它們可能需要改名為寂寞星系），背包客可以從書中得到很好的推薦，要帶什麼東西參加在半人馬座 α 舉辦的赫帕德派對，或可以在克卜勒 61b 行星[*6] 的什麼地方找到最美味的觸手風味冰棒。這本

---

* 6 譯注：克卜勒 61b（Kepler-61b）是 2013 年發現的外太陽系系行星，母恆星是克卜勒 61。半徑稍大於 2 倍地球半徑，並且位於經驗上的適居帶內側。

旅行書會有多厚？會是數百頁的長篇大論，把宇宙中從無數種奇怪
的方式發展起來的數百萬種不同生命事件進行編目；還是僅僅單獨
一頁，只描繪地球上的生命？

　　「生命有多不可能發生，生命有多不尋常？」這問題仍是科學
中最大的奧祕之一。

去地球觀光！
我們要趕在
他們把自己滅絕
之前去。

　　從另一方面來看，我們特別的生命形式彷彿不太可能發生。想
想所有這些瘋狂的巧合，此時此刻，你必須正好在這裡閱讀這本得
獎的物理書[17]。我們的太陽大小和溫度要正好，我們的地球必須在
正確的軌道上，水必須奇蹟的降臨，也許以彗星或冰小行星的形
式從深太空墜落。在這個星球上，原子和分子必須形成正確的組
合，直到有一天，閃電還必須打下來，並產生第一個生命火花。這
個火花有多不可能繼續蓬勃發展？它必須劈荊斬棘，才能在荒蕪的
岩石景象中成長茁壯，更難能可貴的是，有一天它會演化成……
我們。複雜的生命機制似乎是不太可能發生的現象。

　　但這個論點著重在我們自身特定的生命型態。沒錯，得有很長
一段序列的事件共同謀劃才能誕生人類，但是如果這些事件中的某
一個發生了錯誤，也許另一個物種或生命型態就會取代我們的位
置。若要論證生命是罕見的，我們需展示其他的事件序列都會導致
一個無生命的星球。但是，既然我們不知道所有可能發生的生命形

態，我們就不能這麼說了。

　　我們不知道如何精確估計導致生命的條件，主要原因是，我們只有一個數據樣本：我們自己。就如同你只看過一次電擊，要如何估計閃電雷擊的概率呢？也許我們自己在地球上開始生命的經驗，給了我們可怕的偏見，而矇蔽了我們看到其他數百萬種生命開始的可能方式。也許我們的生命始於不太可能的電擊，但也有可能宇宙布滿了方便的電源插座。我們毫無頭緒！

　　要記得，即使生命不太可能發生，但我們是生活在瘋狂巨大的宇宙中。宇宙的巨大令人無法想像，它有數以億計的星系，每個星系又有數以億計的恆星和行星，星星之間的距離驚人的長。我們在宇宙中是否孤獨，取決於兩個競爭因素：「生命潛在的不可能」相較於「宇宙瘋狂的巨大」會黯然失色嗎？畢竟，如果你擲骰子的次數足夠多時，即使再不可能的機率也會發生。

　　有一件事是肯定的：真相必定存在（請下「X檔案」的背景音樂）。無論生命是否正（或已經，或將會）發生在其他行星上。答案完全獨立於我們是否存在，或我們是否提出這個質疑。

*｜7　他們會頒獎給說放屁笑話的物理書，對吧？

　　任何答案都是令人興奮的，而且其中有一個是真的。

　　好消息是，現在的我們真正感受到宇宙有多廣大、結構如何，以及它容納了多少行星。在地球的生命史上，我們是第一次大開了眼界，而且盡可能的擴大了我們知識的範圍。

　　我們也許是宇宙中唯一的存在。人類是浩瀚宇宙所擁有，或是說古往今來所知，唯一一座擁有自我意識的燈塔。

　　或者也許宇宙每個角落都有生命，我們只是數百萬種不同的生命之一，在這些生命中，分子可以在自我複製、意識外露，以及用眼球吃飯中，整理自己。

　　或者也許答案是在兩者之間，生命是罕見的，但並不那麼稀少。也許在宇宙的歷史長河中，只有幾個生命的邊遠據點，因為空間和時間的巨大尺度，他們將永遠不會互相談論或認識對方。

　　在任何情況下，我們千萬不能忘記：生命確實存在，而我們就是生命的證據。

敬生命！

所以啊……

終極之謎

接著我們來到了尾聲。

如果你買了、借了，或偷了這本書，是為了要得到宇宙最大問題的解答。那麼對你而言，這本書也許不是正確的選擇[1]，因為這本書大多著墨在點出問題，而不是提供答案。

在之前的十七個章節，你已經了解我們要學習的東西還很多。我們不清楚95％的宇宙是由什麼構成的，對很多奇怪的東西（如反物質、宇宙射線、宇宙的速限）也所知不多，在釐清這個情況之

---

*｜1　這個警告好像來得太晚。

後，你可能會有點焦慮。畢竟，誰不會焦慮？特別是當你發現自己被稱為暗物質的不明物體包圍，並且在此時此刻正受暗能量拉引，這已經足夠讓人出門在外時坐立不安了。

但是，我們希望你也從這本書裡學到重要的一課：我們應該對所有我們不了解的東西感到興奮。事實上，我們仍然不了解這麼多關於宇宙的基本真相，這代表仍然還有許多不可思議的發現等待著我們。誰知道我們會發現什麼驚人的見解，或發展出什麼令人興奮的科技？人類的探索與大發現時代尚未結束。

如果你非常認真的對待這堂課，那麼你也許已經準備好討論這本書的最後一個奧祕。由於這個奧祕開始於如此深邃的問題，因此許多人可能稱它為「終極之謎」：

宇宙為什麼存在？而且為何如此運作？

現在，你們當中有些人可能會擔心我們提出這個問題。畢竟，這本書的另一個大課題是要留心「科學的界限」。在所有可以問的問題中，有些問題屬於科學範圍，因為它們的答案是可以測試的；其他無法透過實驗解答的問題，即使問題本身可能既深刻又迷人，但卻超出了科學範圍，屬於哲學領域。「宇宙為什麼存在？」這種類型的問題聽起來像是危險的遊走在哲學範疇。

　　為什麼？因為提出這個問題時，你真正追尋的答案是以某些根本定律或宇宙事實為前提，也就是宇宙必須早已存在，而且（以及始終如一）不能以任何其他方式存在。如果宇宙在過去可以（或完全不可以）用另一種方式存在，接下來的問題就是：宇宙為什麼以這種方式存在，而不是另一種方式？

　　但是，就算你發現了一種解釋，而且其中的基本定律不能以任何其他方式出現（即沒有任意或隨機的參數），還是會有更多問題浮現：

　　為什麼會存在基本定律？而且為什麼宇宙會遵守這些定律？

　　你會發現，即使對學哲學的人來說，這些都是棘手的問題，所以很明顯的，答案可能在科學範圍之外。

　　事實上，我們在本書解釋的許多深奧之謎，也可能超出了科學探究的範圍。這是否代表我們永遠找不到這些問題的答案？

　　不見得！

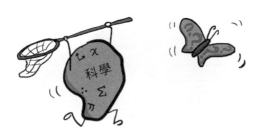

★可測試的宇宙★

　　有些問題我們可能永遠找不到答案，但也有些問題從哲學轉成

科學。隨著我們的能力增強，探索了更遙遠的宇宙和更深層的粒子，於是可以用科學來測試的東西，數量也增多了。我們所說的可測試宇宙因而增大。

你可能回想起我們在前幾章討論「可觀測宇宙」概念。這是我們現今能實際觀測到的部分宇宙，因為這部分的光從宇宙肇始之初出發，經過足夠長的時間抵達我們。我們無法看到「可觀測宇宙」之外的其他一切，因為其他部分的光還沒能抵達我們。

同樣的，「可測試的宇宙」是我們可以用科學來確認和了解的部分宇宙。這部分不僅僅包括我們視野的外部界限（我們看太空時看得見的最遠距離），也涵蓋內部界限（我們看空間和物質時，看得見的最小單位）。「可測試的宇宙」包含的極限，除了我們在最小（和最大）的尺度下，辨別事物的精細程度和準確度，還有我們的理論、數學和理解能力[2]。

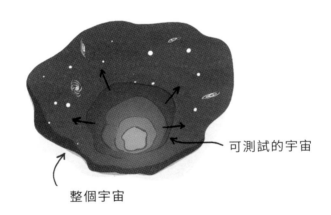

可測試的宇宙

整個宇宙

就像可觀測的宇宙，可測試的宇宙很可能（就算不很明顯），比整個宇宙小很多。這代表很多事情仍然超出我們的掌握。但這也令人振奮：儘管很多問題科學還回答不了，但科學不斷的在進步成長。

如同可觀測的宇宙一樣，可測試的宇宙正在擴張。每當我們開發新技術和新工具來探索現實時，可測試宇宙就會增長。我們理解周遭世界以及回答宇宙中所有已知問題的能力逐年提升。事實上很讓人驚喜的是，可測試的宇宙正在加速增長。

數百年前科學處於起步階段時，可測試的宇宙仍然很小而且增長緩慢。在科學探究的頭幾十年裡，我們建立模型和理解自然的技術能力仍然相當有限。

然後在一百多年前，隨著技術的進步，我們得到了許多探索周遭環境的新工具，使可測試的宇宙開始迅速增長。現在，我們可以尋問（並回答）許多問題，包括：量子物理、宇宙形成，以及先前留給哲學家處理的物質本質。

科學進入青春期

平心而論，現今可測試的宇宙正經歷屬於自己版本的宇宙暴脹，而且是超越我們見過的任何擴張。從一百多年前到現在，我們可以深入窺視大霹靂，而且也許可以探索到宇宙邊緣。我們可

---

* 2　最後一句有點恐怖：如果宇宙是完全可以理解的，而且可以用超出我們大腦能掌握的優美數學理論來描述，又會怎樣？

以懷疑並且有潛力驗證，空間本身到底是無限大，還是像馬鈴薯一樣彎曲。我們可以深入觀測質子內部，並把物質加速到接近99.999999％的光速。我們甚至已經開始派遣無人太空船到太陽系之外，並且對彗星進行著陸探測。

「宇宙為什麼存在？」這類問題超出可測試的宇宙，在今日看來似乎無解，那麼這些問題到底有什麼涵義？

我們應該注意最近的歷史，並因我們快速膨脹的知識感到鼓舞及振奮。今日已有的和開發中的科學工具及技術，將繼續增加我們可以學習的東西，並讓更多的問題，能得到正確的解答。

有朝一日，我們能回答這類關於宇宙的深刻問題嗎？

我們不知道。

但非常肯定的是，這會是一場驚險刺激的旅程。

敬請期待精采續集，
我們已經有些好點子了。

說不盡的感謝

　　我們真心感謝James Bullock、Manoj Kaplinghat、Tim Tait、Jonathan Feng、Michael Cooper、Jeffrey Streets、Kyle Cranmer、Jahred Adelman，以及Flip Tanedo提供的寶貴科學洞見，以及為此書內容的正確性做的查核。

　　我們也萬分感謝讀了初稿，並提供回饋的Dan Gross、Max Gross、Carla Wilson、Kim Dittmar、Aviva Whiteson、Katrine Whiteson、Silas Whiteson、Hazel Whiteson、Suelika Chial、Tony Hu和Winston and Cecilia Cham。

　　此外，特別感謝我們的編輯 Courtney Young，感謝她對我們的寫作計畫充滿信心，並持續引導我們。謝謝Seth Fishman幫這本書找到合適的家，謝謝Gernert公司的整個團隊，包括Rebecca Gardner、Will Roberts、Ellen Goodson和 Jack Gernert。還要感謝Riverhead Books的大家，包括Kevin Murphy、Katie Freeman、Mary Stone、Jessica Miltenberger、Helen Yentus和Linda Korn，謝謝你們為了這本書的印製與發行貢獻了才智與寶貴的時間。

　　我們還想謝謝網路上關注我們多年的讀者，是你們讓我們有動力與靈感，繼續做這番有意思的事。

　　最後，我們要謝謝許許多多的科學家、工程師與研究員，是你們的努力讓我們的知識疆界得以拓展。僅以此書向你們提出的想法致敬。

閱讀筆記

閱讀筆記

科學天地 189

關於宇宙，我們什麼都不知道
霍金也想懂的 95% 未知世界
We Have No Idea: A Guide to the Unknown Universe
（原書名：這世界難捉摸）

原著 —— 豪爾赫·陳（Jorge Cham）、丹尼爾·懷森（Daniel Whiteson）
譯者 —— 徐士傑、葉尚倫
科學叢書策劃群 —— 林和（總策劃）、牟中原、李國偉、周成功

總編輯 —— 吳佩穎
編輯顧問 —— 林榮崧
責任編輯 —— 林文珠；吳育燐
版型設計 —— 張巖
封面設計 —— 謝佳穎

出版者 —— 遠見天下文化出版股份有限公司
創辦人 —— 高希均、王力行
遠見·天下文化 事業群榮譽董事長 —— 高希均
遠見·天下文化 事業群董事長 —— 王力行
天下文化社長 —— 林天來
國際事務開發部兼版權中心總監 —— 潘欣
法律顧問 —— 理律法律事務所陳長文律師
著作權顧問 —— 魏啟翔律師
社址 —— 台北市 104 松江路 93 巷 1 號 2 樓
讀者服務專線 —— 02-2662-0012 ｜ 傳真 —— 02-2662-0007, 02-2662-0009
電子郵件信箱 —— cwpc@cwgv.com.tw
直接郵撥帳號 —— 1326703-6 號 遠見天下文化出版股份有限公司

排版廠 —— 立全電腦印前排版有限公司
製版廠 —— 東豪印刷事業有限公司
印刷廠 —— 柏晧彩色印刷有限公司
裝訂廠 —— 台興印刷裝訂股份有限公司
登記證 —— 局版台業字第 2517 號
總經銷 —— 大和書報圖書股份有限公司 電話／ 02-8990-2588
出版日期 —— 2017 年 11 月 30 日第一版第 1 次印行
　　　　　　2023 年 12 月 27 日第二版第 2 次印行

定價 —— NTD480 元
書號 —— BWS189
ISBN —— 978-626-355-419-1 ｜ EISBN 9786263554245（EPUB）；9786263554238（PDF）

天下文化官網 —— bookzone.cwgv.com.tw